JN285007

汲古選書 32

中国砲艦『中山艦』の生涯

横山宏章 著

目次

中国砲艦『中山艦』の生涯

はじめに

これは長崎が生んだ小さな砲艦の大きな歴史である。

被爆地・長崎は「平和都市」といわれるが、同時に平和都市とは裏腹な「軍事都市」でもあった現実を否定することはできない。

その中心が三菱長崎造船所である。

日本の代表する戦艦・大和と並ぶ超弩級戦艦・武蔵（七二、八〇九排水トン）を建造した「栄光の歴史」はいまもって誇り高く語り継がれている。記録によれば、長崎造船所は一九四五年までに戦艦四隻、巡洋艦十二隻、航空母艦三隻、駆逐艦二十三隻を含めて八十三隻、合計四三万六、三〇六トンの艦艇を建造した実績を持つ。戦後も護衛艦、イージス艦を造り続けている。

日本が誇った巨大な戦艦・大和や武蔵が、米軍の攻撃で何らの「戦果」をあげることなく、太平洋の藻くずとなった悲劇（ある意味では喜劇）を知らないものはいないだろう。

日本人にとって戦艦・大和と武蔵が、著名さも超弩級だとすれば、中国人にとって最も有名な砲艦は中山艦（旧名は永豊艦）だ。

もちろん、中山艦を知る日本人はほとんどいないであろう。

「エッ?、中国で最も有名な軍艦は『致遠』ではないのですか?」

佐世保基地の海上自衛隊高官が怪訝そうにたずねた。致遠とは日清戦争の黄海海戦で、日本の巡洋艦・吉野に向かって激突しようとして果たせず、魚雷で沈没した艦船だ。その「英雄的犠牲」が日本でも語り継がれているから、そのような質問が発せられたのだ。その海上自衛隊の専門家も、中山艦は知らなかった。だが、中国の庶民にとって、致遠の名前は知らなくても、中山艦の名前を知らない人は少ない。

中国でそれほど有名であるとすれば、さぞかし巨大な軍艦だろうと思うに違いない。ところが中山艦は千トンにも満たない、すなわち総トン数でわずか八三六トンにすぎない小型砲艦である。戦艦・武蔵に比べれば、なんと約百分の一だ。

この木の葉のような可愛い砲艦が、なぜ有名なのか。それは、近代中国を象徴する歴史を、まるで自分の歴史のように刻んできたからである。

中山艦は誕生したのが中華民国元年（一九一二年・大正元年）であり、抗日戦争（日中戦争）のさなか、日本軍の攻撃で長江の河底に撃沈させられた民国二十七年（一九三八年）まで、艦齢二十七歳で激動の歴史を終えた。

砲艦・中山艦（永豊艦）の雄姿

それは激動の中華民国の軍事闘争の歴史を飾っただけでなく、中国のスーパースターであった孫文（号は中山）や蒋介石の政治闘争と切っても切れない関係を刻んできた。小さな砲艦にすぎないが、なぜか政治闘争の舞台になったからである。まさに数奇な歴史を背負って、政治舞台の主役になったのが中山艦だ。

国民党指導者の孫文が広東省の省都・広州で南方革命政府を建設し、北方の軍閥政府と対峙していた二二年六月、配下の広東軍総司令・陳炯明が孫文打倒の軍事クーデターを発動した。その危機に孫文は変装して逃亡し、命からがら難を逃れた。そして広州を流れる珠江に浮かんでいた永豊艦に乗り込み、艦上から陳炯明の軍事力に対抗した。

その危機にあたって単身永豊艦に駆けつけたのが、軍人・蒋介石だった。その生命を顧みない蒋介石の忠臣的ヒロイズムが孫文をいたく感動させ、蔣介石が政治的、軍事的に台頭する契機となった。三年後に孫文は死去するが、その危機を忘れないということで永豊艦は中山艦と改められた。もちろん、孫文の号である中山を艦名としたのだ。

二六年三月、再び中山艦は政治闘争の舞台として脚光を浴びた。蔣介石の「三・二〇クーデター」といわれる「中山艦事件」が発生したからである。

北方の軍閥政権を軍事的に打倒するため、国民党と共産党は連合（国共合作という）し、ソ連の支援のもと「国民革命」を推進していた。そのさなか、中山艦を舞台に共産党の陰謀が進んでいるとして蔣介石が共産党員の艦長を逮捕し、共産党の弾圧を開始した。この政治ドラマを「中山艦事件」というが、その舞台となったのが中山艦だ。

最後の悲劇的舞台は、政治闘争ではない。日本軍の中国侵略戦争である抗日戦争のさなかの三八年十月二十四日、長江（揚子江）中流にある武漢防衛の任務にあたっていた中山艦が日本軍の激しい攻撃で撃沈された。その「殉国」的「浴血戦闘」が「壮烈犠牲」として語り伝えられた。日本軍の「蛮行」に抵抗した民族英雄として記念されているのだ。

この数奇な歴史を織りなしてきた中山艦であるが、実は三菱長崎造船所で建造された。しかも同造船所が外国から受注した最初の外国向け砲艦だった。フィリピン沖で撃沈された戦艦・武蔵の短い歴史を知っているとしても、中国の歴史を彩ってきた中山艦の長いドラマチックな歴史を知る人は、日本はもちろんのこと中山艦を建造した長崎ですらほとんどいない。中山艦は日本人の手で造られ、悲しいことに同じ日本人の手で破壊された。一九七年一月二十八日、中山艦が撃沈させられていた湖北省武漢郊外の金口鎮で、長江から引揚げられた。五十八年間、河底に眠っていた歴史の証人が浮上したのだ。その引揚げ風景はテレビで中国全土に報道された。そして中山艦は修理・復原され、日本の中国侵略にたいする抗戦シンボルとして、すなわち愛国教育に利用される歴史教育の証人として活用されることとなった。

愛国教育なるものがいかに危険なものであるか、私たちは骨身に堪えている。日本における軍事的ヒロイズムの過度な強調による愛国教育が、戦前の中国侵略を正当化させてきた。その苦い経験をもつ日本人にとって、中国の愛国教育を危惧する視点を忘れてはならない。とはいえ、日本に刃を向けるその歴史的証人が、こともあろうに、日本製であったという皮肉を、私たちは直視しなければならないだろう。

第一章　中国海軍の創設と北洋艦隊の悲劇

李鴻章が海軍を創設

中国は歴史的に海軍の充実に精力を注がなかった。中国史は偉大な中華と、周辺の夷狄との攻防史であった。巨大な中国を攻めてくるのはいつも北方の北狄であり、西方の西戎であった。東夷や南蛮が海から中国を攻めることはほとんどなかった。倭寇が中国沿岸の都市を荒らしまわることはあったものの、正式に日本軍が中国の王朝打倒に軍隊を派遣することはなかった。

清朝時代の末期に至るまで、外国軍が海から攻めたのは、オランダが日本・平戸に商館を開いていた一七世紀初期、オランダによる台湾占領が唯一の例外である。一六六二年、そのオランダ軍を追い払ったのは、清朝に反旗を翻していた鄭成功の水軍であった。いうまでもなく鄭成功は平戸生まれの反清民族英雄である。

その中華世界の伝統が破られたのは、一八四〇年からの阿片戦争（中国では鴉片戦争という）である。中華世界の外にあったイギリスは、近代的産業革命で獲得した経済力・軍事力を背景に、植民地インドから世界一の強力な艦隊を派遣し、海から攻撃して眠れる獅子・中国をねじ伏せた。

さらに隣国の日本が明治維新後にダイナミックな軍国化を進め、強力な帝国海軍を建設してきた。一九世紀中葉からは、中国の脅威はまさに海からであった。この危機に直面し、大清帝国はすでに衰退に向かっていたが、否応無しに海軍の充実を迫られた。

一八六六年六月、閩浙総督の左宗棠が海軍（水師）の整備と軍艦製造ができる造船所の建設を上奏した。こうして造船所としての江南製造総局、福州船政局が建造されたが、造船レベルが低かった中国製艦船は外国製艦船に比べれば、かなり使い物にならなかった。

一八七四年、江蘇巡撫・丁日昌が「海洋水師章程六条」で北洋・東洋・南洋からなる三艦隊設置を提案し、本格的な海軍建設が始まった。旧式の水師陣容を根本的に改め、外国製艦船による艦隊体制の必要性を唱えたのだ。丁日昌によれば、外洋で戦える海軍を整備するためには、大砲四十門ぐらいは装備した大型蒸気戦艦が必要である。そのためには旧型の百隻よりも一隻の大型船を購入し、しかも陸戦、海戦の両方の訓練を受けた精兵十万人を用意しなければならない。南北にわたって海岸線が長い中国では、北洋・東洋・南洋の三艦隊は必要で、それぞれ大型艦船六隻、駆逐艦十隻は配備しなければならない。

この提案を受けて実際に艦隊整備の任務を担ったのは洋務運動の旗手・李鴻章である。李鴻章も同時に「籌議海防摺」を上奏し、海防の重要性を強調した。

その直接的な契機は日本の台湾出兵だ。この年、西郷従道が率いる三、六〇〇兵の台湾遠征軍が長崎から台湾に派兵された。三年前、琉球民が台湾・牡丹社に漂流し、そこで先住民の高山族と衝突し、五十四人が殺されるという事件が発生しており、この処理を口実に、台湾遠征軍を派遣した。「琉球処分」、「征韓論」、「明治七年十月の政変」、「佐賀の乱」など、維新後にみられた藩閥政治における複雑な権力闘争の色合いが深い「台湾征伐」だった。結局、一八七四年十月「日清両国間互換条款及互換憑単」を結び、日本は清国政府から五十万両の道路建設費、慰霊費を得て撤兵した。

北洋艦隊を組織した李鴻章

李鴻章は「籌議海防摺」で次のように強調した。

もし先に（海防強化の）準備をしておれば、倭兵（日本軍）は敢えて攻めては来なかった。

明治維新直後（明治七年）の新興日本にすら台湾侵略を許した弱点に、李鴻章は憤ったのだ。

また李鴻章は同日に上奏した「籌辦鉄甲兼請遣使片」で日本を次のように警戒した。

泰西は強いと雖も、なお七万里以外にある。

日本は即ち近く、戸闥にあって我が虚実をうかがう。誠に中国の永久の大患である。日本の台頭に対抗するためには、万全の海防を整備すべきであると主張したのだ。

李鴻章は清末最大の実力者であった。内政・外交・軍事の三分野で、絶大なる権勢を振るった。一八四七年に科挙試験で進士となり、曾国藩の幕僚として手腕を発揮した。太平天国の鎮圧では、故郷の安徽省で自分の「淮軍」を組織し、軍事鎮圧に功をあげた。こうして両江総督、湖広総督のポストを歴任し、一八七〇年には直隷総督兼北洋通商事務大臣に昇り詰めた。彼は一九〇一年に死去するが、その後も一九二八年まで長きにわたって近代中国を支配した「北洋軍閥」の創始者であり、威風堂々とした「北洋艦隊」の創始者でもあった。

李鴻章は自国の軍艦製造では十分な態勢が整わないことが判明したので、優秀な軍艦を外国から購入することで、海軍力の整備を開始した。こうして十ヵ年計画で艦隊整備が進められ、十年後の一八八四年には北洋艦隊十四隻、南洋艦隊十七隻、福建艦隊十一隻の陣容を整えた。しかし海軍の指令はバラバラで、それぞれの艦隊を統括する各派は自分の勢力保持に走った。この結果、統一した指揮がとれず、中仏戦争では福建艦隊がフランス艦隊に殲滅させられた。

一八八五年、海軍衙門（海軍省に相当）が新設され、北洋艦隊を指揮する李鴻章が海軍整備の中心となった。李鴻章は積極的に外国から大型戦艦を購入することで、北洋艦隊の強化につとめた。正式に北洋艦隊が成立したのは一八八八年であるが、それまでに次々と軍艦、巡洋艦

ドイツから購入した7,000トンクラスの鎮遠

をイギリスやドイツから買いあさった。ドイツからは、当時最大の軍艦である定遠、鎮遠（いずれも七、三三五トン、六、〇〇〇馬力、船員三三〇名）、経遠、来遠（いずれも二、九〇〇トン）、イギリスからは巡洋艦の致遠、靖遠（いずれも二、三〇〇トン）を買い入れた。

こうして北洋艦隊が正式に発足したときの陣容は、七、〇〇〇トン級の大型「鉄甲艦」二隻を含む全二十八隻であった。そのうち外洋で戦える本格的な艦船は九隻、他は沿岸ないしは河川用である。二十一隻が外国から購入したものであり、ドイツ製が九隻、イギリス製が十二隻、中国製は小型の七隻にすぎなかった。

李鴻章は同時に遼東半島の旅順、山東半島の威海衛に軍港・砲台を整備し、北洋艦隊の基地とした。一八九一年五月、海洋訓練を観閲した後、上奏文「巡閲海軍竣事摺」で次のように豪語している。

北洋兵艦は合計二十余隻。海軍の一艦隊としては整った。将校も毎年遠洋訓練を重ね、波濤にもたえ、戦闘技術も精通した。旅順、威海衛には学堂（学校）を設けて学生の成果を上げている。海軍戦備は日々進歩し、財力に限界があり拡大はできないものの、渤海の門戸は深く守りを固め、揺るぎ無い態勢となっている。

事実、東洋一の大艦隊の結成である。李鴻章が鉄壁の守り、と自慢するのも当然である。明らかに日本を凌駕していた。

長崎清国水兵暴動事件

北洋艦隊と日本の関係を見ると、長崎が浮かび上がる。

鎖国時代、長崎は中国貿易の唯一の窓口であった。唐船といわれる貿易船が毎年長崎と中国を往復した。多いときには一年に百隻を越えたほどである。中国人が閉じ込められていた一万坪に満たない狭い「唐人屋敷」には、三千人がひしめき合うときがあったほどだ。開国後は、長崎に中国人が住み着き、そこに華僑世界が出現していた。だから中国にもっともなじみが深いのは長崎である。その長崎に北洋艦隊の主力艦がデモンストレーションした。しかも水兵の暴動事件を引き起こすというおまけまでついた。

1886年、長崎に入港した定遠（清国水兵暴動事件の時）

一八八六年七月、北洋水師提督の丁汝昌は購入したばかりの定遠、鎮遠ならびに巡洋艦の威遠、済遠、揚威、超勇の六隻を率いて韓国の釜山、ロシアのウラジオストク、そして長崎への訪問航海へ立った。東洋一の威容を見せつけたかったのである。長崎発行の『鎮西日報』によれば、

釜山開港以来、清艦の入港せしは、これが始祖なりといふ。

そして八月十日、このうち定遠、鎮遠、威遠、済遠の四隻が長崎に入港した。『長崎県警察史』（同書によれば入港は八月一日となっているが十日の間違いである）は入港状況を次のように記している。

それはわが国に対する一種のデモ行為であったが、山のような甲鉄艦が港内を圧して投錨した姿は、市民に恐怖の念を抱かせた。

ただ『鎮西日報』によれば、入港理由は定遠、鎮遠

の船底が破損し、
　近々（三菱造船所の）立神船渠に入れ、外部修繕をなすならんといへり。

事実、入港後、相継いで両艦はドックで修理している。もちろん修理だけが目的ではない。隣接する韓国、ロシア、日本に圧力を加えつけたかったのであろう。そして、「山のような」艦船の恐怖だけでなく、「清国水兵の暴行」という恐怖をも与えた。上陸した将校が遊郭街で騒ぎ、その後四百名以上の水兵が上陸して、長崎の警察と衝突したからだ。

　所轄長崎警察署からも抜剣の警察官を出動させ、警察と清国水兵との乱撃乱闘の修羅場を現出した。市民の中にも、日本刀を振りかざし水兵の群に踊り込んだものもあって、おりから、皎々たる月夜に凄惨な白兵戦が展開された。

（『長崎県警察史』）

この結果、警察側が死者二名（即死一名）、重軽傷者二十九名。中国側は死者八名（即死四名）、重軽傷者四十二名にのぼった。単なる喧嘩を越えて大変な騒動だ。北洋艦隊が長崎を離れたのは九月三日のことで、三週間以上の長期滞在となった。

　騒動は八月十三日と十五日の二日にわたる。『鎮西日報』が後始末も含めて連日、詳しく報道している。当然ながら上陸した中国水兵は酒場に繰り出し、長崎の有名な遊郭街である丸山町、寄合町に繰り出した。予約なしに遊郭へきた中国水兵は、相手をすることができる娼妓が少なく、トラブルが発生した。ところが目の前ですでに配妓を予約していた水兵五名はそのまま約束の娼妓をつれて部屋へ入った。

事情を知らぬ後の水兵は、先客の自分達を疎外し、後からきた客を優遇するものと誤解し、いくら弁明しても聴かず、手当たり次第に家具を投げ乱暴をはじめた。

さらに丸山派出所で、騒ぎを静めるために入った巡査と喧嘩になり、水兵が巡査を切り付けた。兵士を逮捕し、取調べの上、清国領事へ引き渡した。これが第一ラウンドである。

十五日、四百名以上の水兵が上陸した。外国人居留地の中心であり中国料理の店が集まっていた広馬場で水兵が騒ぎ始めた。梅香崎警察署から巡査が駆けつけ、清国領事館からも館員が駆けつけたが、騒ぎはおさまらなかった。そのうち、水兵が梅香崎署を襲撃し、お互いが抜刀しながら斬り合うという惨事に発展した。双方に多くの死傷者が続出した。一種の戦争だ。これが第二ラウンドである。

『鎮西日報』の記事を見る限り、当然ながら一方的に非は中国側にあるとしている。騒動が発生する以前の状況を次のように記している。

当港碇泊の清国軍艦は北洋水師の中に在りても最も雄壮の聞え高き定遠、鎮遠、済遠、威遠の四艦にして、各艦、数多の水兵を搭載し軍容極めて盛なるより、乗組の水兵等はこれを恃み、上陸市街を徘徊するにも甚だ横風にして、動もそれは邦人を凌轢するの状あり、我警察官は勿論一般市民に於ても、成るべく忍受して其高視闊歩を容るせし。

騒動は中国の水兵が日本の巡査を侮辱し、巡査はそれをぐっと耐えたが、水兵が抜刀し、騒ぎが始まったという説明である。次のように断定している。

事の起りは清国水兵より手出を為し、交番所の巡査を殺害したるには相違なし。争闘の始末は群集せる水兵が警察署に押寄せ警察官に暴行を加へたるには相違なし。水兵は手に日本刀若くは仕込杖を執りて立向ひたるには相違なし。

当然ながら、長崎地方の一問題ではなく、国家レベルの問題となった。日本政府も、中国側に非があると主張した。長崎の清国領事館は、中国語の掲示を出し、長崎県が公法に照らして公平に裁くといっているから、みだりにデマを信じるではない、と戒めている。早く沈静化したかった。

このとき、実は朝鮮半島をめぐって、国際問題が生じていた。イギリスが朝鮮の巨文島を占拠し、ロシアとの対立を深めていた。朝鮮はこの機会を利用し、ロシアと提携することで清朝の影響を排除しようと画策していた。そこで李鴻章は軍艦を朝鮮に派遣し、朝鮮とロシアの提携を粉砕しようとしていた。釜山、ウラジオストクへの派遣もその目的があった。修理のために長崎に一時寄港したが、李鴻章は修理が済み次第、再び北洋艦隊を朝鮮の仁川へ派遣するように、長崎の丁汝昌にたびたび命令している。水兵騒動で足止めを食らっておれる事態ではなかったのだ。

八月二十七日、李鴻章は丁汝昌に巨文島のイギリス軍を偵察し、その後に仁川へ向かうように命じている。出発できたのは九月に入ってからであった。

当時の日本は外国人に対する治外法権を認めており、騒動の解決には時間がかかった。双方の長崎連合調査委員会ができ、原因と責任を調査することとなった。決着したのは一八八七年二月であった。言葉が通じず、お互いに誤解があったとして、双方から死傷者に対する弔慰金を贈り、事件関係者は自国の法律で処理する協定が成立した。当時の日本には定遠や鎮遠のような七、〇〇〇トンを超える大型戦艦はなく、長崎港に現れた中国艦隊は、喧嘩騒動がなくても、日本人に脅威を与えたであろう。確かに当時、北洋艦隊は東洋一の威力を見せつけていた。

その後、一八九一年、九二年の二度、再び北洋艦隊は長崎を訪問している。九一年七月二十九日、定遠、鎮遠、来遠、靖遠、致遠、経遠の六隻が入港した。それは下関、神戸、横浜、呉、佐世保を回った後の長崎入港である。長崎県の「知事官房」記録によれば、前もって新聞社の責任者を知事官邸に呼び、注意した。

紙上、右（艦船訪問のこと）に関する事項を掲載するには極めて注意を加ふべき様、反復申聞置たり。

五年前の衝突に危惧した知事が、新聞社にあらぬ扇動をしないように注意したのだ。その甲斐あってか、暴風のため出港が三日遅れたが、何事もなく八月六日に長崎を離れた。一応、安堵の感を記している。

　毫も紛擾の事なし。去る十九年の一案のごときは巳に彼我脳中より拭去たるものの如し。

翌年六月二十三日、定遠、鎮遠、来遠、靖遠、致遠、経遠の六隻がまたまた長崎を訪れた。前年、何事もなかったので、北洋艦隊の訪問を伝える芝罘領事代理から長崎県知事への電報では、憂慮するにたらない旨が伝えられている。

　過去の起事も今や一掃したるの感有る。

しかしそれほど単純ではなく、「知事官房」記録は次のように記している。

　今回の来航に関しては市民一般、表面上甚だ冷淡にして、……争闘に関する復讐の念は、未だ全く消せざる。

「清国水兵暴行」のしこりは残っていたのであろう。とはいえ今回も何事もなく、六月二十七日、先ず四隻が出港し、次いで残った定遠、経遠が七月十二日にそれぞれ釜山、威海衛へ向けて出港した。

　このように日本人を威圧した北洋艦隊であったが、李鴻章が誇った鉄壁の守りは、周知の如く直後の日清戦争で崩れ去った。

日清戦争で北洋艦隊が壊滅

日清戦争の時、日本海軍と中国海軍にはどのような戦力の違いがあったのだろうか。参謀本部編纂『日清戦争史』第一巻によれば、中国海軍は次のように記されている。中国全体では、軍艦八十二隻、水雷艇二十五隻、総トン数八万五、〇〇〇トン。しかし日清戦争の戦闘に参加したのは、北洋艦隊の軍艦二十二隻、水雷艇十二隻と広東艦隊の三隻で合計四万四、〇〇〇余トンであった。

北洋水師は訓練能く到り、戦闘準備整頓し、東洋に於ける列国艦隊をして頗る畏敬せしめし。

日本軍はどうか。軍艦二十八隻、水雷艇二十四隻、合計五万九、一〇六トンだった。単純に比較すれば、中国海軍の方がトン数で優っていた。中国には七、〇〇〇トン級の大型装甲砲塔艦が二隻あったが、日本は海防艦の橋立、厳島、松島、巡洋艦の吉野等が四、〇〇〇トン級で、最大艦船であった。しかし三、〇〇〇トン級以上は八隻揃えていた日本にたいし、中国は大型艦の定遠、鎮遠を除くとすべて三、〇〇〇トン以下だった。速力からいえば、日本の方が優っている。中国では巡洋艦の靖遠、致遠が一八ノットであったが、ほとんどは一五ノット以下であった。日本は巡洋艦の吉野が二三ノットを誇り、一八ノット以上は巡洋艦・浪速、千代田、高千穂などを揃えていた。小回りにおいては日本軍の方が有利であった、といえようか。

両軍が激突した海戦は三度。一八九四年七月、すなわち八月一日の宣戦布告以前、豊島海戦が前哨戦として発生した。次いで本格的な九月の黄海海戦、そして北洋艦隊が全滅した九五年二月の威海衛封鎖である。

佐世保軍港から出発した日本の連合艦隊は吉野（四、二七八トン）、秋津洲（三、一七二トン）、浪速（三、七〇九トン）を第一遊撃隊としていたが、豊島付近で中国艦隊と遭遇し、広東艦隊所属の水雷砲艦・広乙（一、〇〇〇トン）と兵員輸送船の高陞を撃沈した。また小型砲艦・操江を拿捕した。主力の巡洋艦・済遠（二、三〇〇トン）は若干の交戦後に逃亡し、最初の戦闘は日本軍が勝利した。

本格的な海戦は黄海海戦である。九月十七日、定遠を旗艦とする北洋艦隊と、松島を旗艦とする連合艦隊が激戦に入った。『日清戦争史』は次のように記している。

清国の旗艦定遠は最初の我が砲撃に舵機室を撃破せられ、且つ旗幟概ね焼燼し、次で信号装置を破壊せられ、艦隊の指揮を執る能はざるに至れり。致遠、経遠、来遠、靖遠等は第一遊撃隊と戦ひ、定遠、鎮遠等は専ら我本隊に当りしが、致遠は右舷水線下を破壊せられ、沈没し、経遠、来遠、及平遠も亦火炎に罹り、三時頃に至り、済遠先づ戦場を去り、

黄海海戦で撃沈された致遠

自余の清艦漸次潰走し、唯々、定遠、鎮遠の二艦のみ駐まりて戦闘を持続せり。

連合艦隊の本隊は定遠、鎮遠と砲戦を持続し、日没に至れり。この間、定遠、鎮遠は終始相連繋して戦闘せしが、屢々火災に罹り、且つ其上部の構造物は悉く破壊せられ、旗艦松島も亦定遠の発せし砲弾の為め、前部砲台を破砕せられ、為めに火災を起こせり。又逃走せし敵艦に追躡したる第一遊撃隊は経遠に追及し之を猛撃し、遂に之を沈没せしめたり。

夜に入り、戦闘は中止された。

定遠、鎮遠は来遠、靖遠、平遠、広丙の諸艦を収拾し、旅順口に向ひ、帰途に就けり。

定遠の砲撃で旗艦・松島はかなりの損傷を受

けたが、日本は一隻も失うことはなかった。その勝利した戦略を次のように記している。

日本艦隊は噸数、速力及砲数に於て清国艦隊より優勢なるも、清国艦隊は定遠、鎮遠の二大甲鉄艦及二隻の水雷艇を有したり、之が為め我艦隊は其速力の快疾なるを利用し、終始射撃に良好なる距離を保ち、冒険の動作を避け、射撃力と運用法に依り、以て清艦経遠、致遠、超勇の三艦を撃沈。

この致遠については、中国の小学校社会教科書はかなりの行数を割いて、致遠を英雄的な最期として描いている。

致遠艦の管帯・鄧世昌は、全艦の将兵を指揮して勇猛邁進し、勇敢に敵をやっつけた。軍艦が何ヶ所も被弾して大きく傾いた危急のときに、鄧世昌は全速力を出すように命令し、日本軍の主力艦目指して突進し、衝突して沈めようと試みた。彼は部下に、「私たちは従軍して国を守っている。生死はとうに度外視している。私たちは犠牲になっても国威を盛んにできるならば、祖国に報いる目的を達せられる」と言った。日本軍は形勢不利と見て、腰を抜かして艦を操って逃走し、逃げながら魚雷を発射した。致遠艦は不幸にも魚雷が命中し、たちまち沈没し、鄧世昌と艦上の二百余名の将兵は壮烈なる最期を遂げた。

日本の教科書に、戦艦・大和の悲劇がこれほど詳しく記載されることはない。もちろん愛国精神を鼓舞するための国策教科書であるから、そのように「犠牲的最期」が強調されるのであるが、致遠艦は後に述べる本書の主役である中山艦に次ぐ有名艦であるのかもしれない。
敗北した北洋艦隊は、旅順軍港が早くから陥落したので、威海衛の軍港に全艦船を結集させていた。日本軍は、海軍が威海衛の軍港を封鎖し、陸軍の山東作戦軍が山東半島から威海衛に侵攻した。いわば海と陸からの挟み撃ち作戦だ。

一八九五年二月二日には陸軍の山東作戦軍が威海衛軍港陸岸の全部を占領した。当然ながら湾内に残る北洋艦隊は占領日本軍に砲撃し、日本としては北洋艦隊の殲滅をはかった。湾内に留まっていた艦艇は、黄海海戦を戦った定遠、鎮遠、来遠、済遠、平遠、広丙ら十四隻。威海衛港は湾内にあり、湾の出口に劉公島、日島が位置し、そこの砲台が湾内の軍艦を守っていた。日本軍は海から連合艦隊が砲台を砲撃すると同時に、小型の水雷艇が防衛封鎖網を突破して湾内の定遠などに攻撃を加えた。戦いは二月十七日まで続いた。結局、湾内に閉じ込められた北洋艦隊は十分な作戦を展開できず、力尽きて殲滅させられた。

このとき、北洋艦隊提督の丁汝昌は服毒自殺をして、投降を拒否したという。

「捕獲清国軍艦表」によれば、威海衛港で捕獲された艦船は、主力艦の鎮遠（七、三三五トン）の外、済遠（二、五六〇トン）、平遠（二、一八五トン）、広丙（一、二三五トン）など十隻であった。定遠は沈没し、まさに東洋一を誇った北洋艦隊は壊滅させられた。

こうして長い海軍整備の努力は水の泡に帰し、ある意味ではゼロから出発しなければならなかった。

第二章　長崎で誕生した永豊艦

薩鎮冰が海軍を再興

海軍経費を流用し、その多くを北京の離宮・頤和園の建造に注ぎ込んだといわれる西太后（慈禧太后）が一九〇八年に死去した。李鴻章はすでに一九〇一年に死去していた。西太后の死去は、海軍整備を再興するチャンスであった。この時、海軍を統括していたのは薩鎮冰。日清戦争後の最大の軍艦・海圻の艦長で、李鴻章死後は北洋水師を統率し、一九〇五年には総理南北洋海軍兼広東水師提督に就任した。すなわち全艦隊の総司令である。

一九〇九年、清国政府は満人・載洵を海軍準備大臣とし、薩鎮冰を海軍提督に任命し、再出発を図った。この時、中国にあった主力艦は巡洋艦の「四海」すなわち海圻、海容、海琛、海籌である。海圻（四、三〇〇トン）は一八九九年にイギリスから購入し、海容、海琛、海籌（いずれも二、九〇〇トン）は一八九八年にドイツから購入した。壊滅した北洋艦隊に代わる新たな艦隊整備である。

永豊艦を建造した長崎造船所

翌年、載湉、薩鎮冰の二人は外国に海軍視察を行い、さらに外国軍艦の購入を契約した。ドイツでは高速駆逐艦、魚雷艇などを注文し、イギリスでは三、〇〇〇トンの巡洋艦を発注した。その後、日本に回り、三菱長崎造船所で永豊艦、また川崎造船所で永翔艦の建造を契約した。こうして、長崎で永豊艦の建造が始まった。

北洋艦隊が全滅させられた敵国から、こともあろうに軍艦を購入することには、かなりの抵抗があったであろう。日本に最新鋭の砲艦を注文することは、明治維新後の日本の殖産興業化政策が、中国の洋務運動的工業化政策に比べて成功していることを認めることである。同じアジアの後発国として工業的近代化政策を開始しながら、しかもスタートは中国の方が先行しておりながら、その遅れを認めることになる。中国のプライドは傷つけられる。すでに日清戦争の敗北でそのプライドはずたずたに切りさいなまれていたが、各国の造船所を視察し、中国の遅れと日本の発展という現実を改めて知らされた。とはいえイギリスとドイツに限定せずに、様々な先進工業国家から軍備を分散的に購入することは、危険の分散という意味で、理に適っていた。永豊艦には中国の軍事的再生の願いが込められていたといえる。

永豊艦が長崎造船所で進水式

所内の「三菱長崎造船所年報」（大正二年）には次のように記されている。また昭和三年発行『三菱長崎造船所史』でもほぼ同じ記述がある。

砲艦永豊（支那政府注文第二一五番船）本艦は明治四十三年八月十五日契約したるものにして、前年六月五日進水、八月二十六日公式運転を行ひ、十六節（ノット）六一七の好成績を得、十二月十四日、砲熕公試を行ひ、是又好結果にて、工事は殆んど前年度内に竣工したれども、支那革命騒にて同国の財政紊乱し、約束通り船価の支払出来ざりし為め、引渡遅延したるが、未払船価三十四万円に対しては、年利六朱半を付し一ヶ年以内に払込む事に、前年十二月三十日契約成立したるを以て、本年一月九日長崎駐在領事徐善慶氏立会の下に、監督官李国圻、鄭貞瀧両氏へ引き渡したり。

然るに本艦の上海廻航は金八千百円にて当所に引受くる事となりしを以て、宮地顧問を廻航委員長に、小林船長を艦長に、北川技師を機関長に任命し、外に甲板部十六名、機関

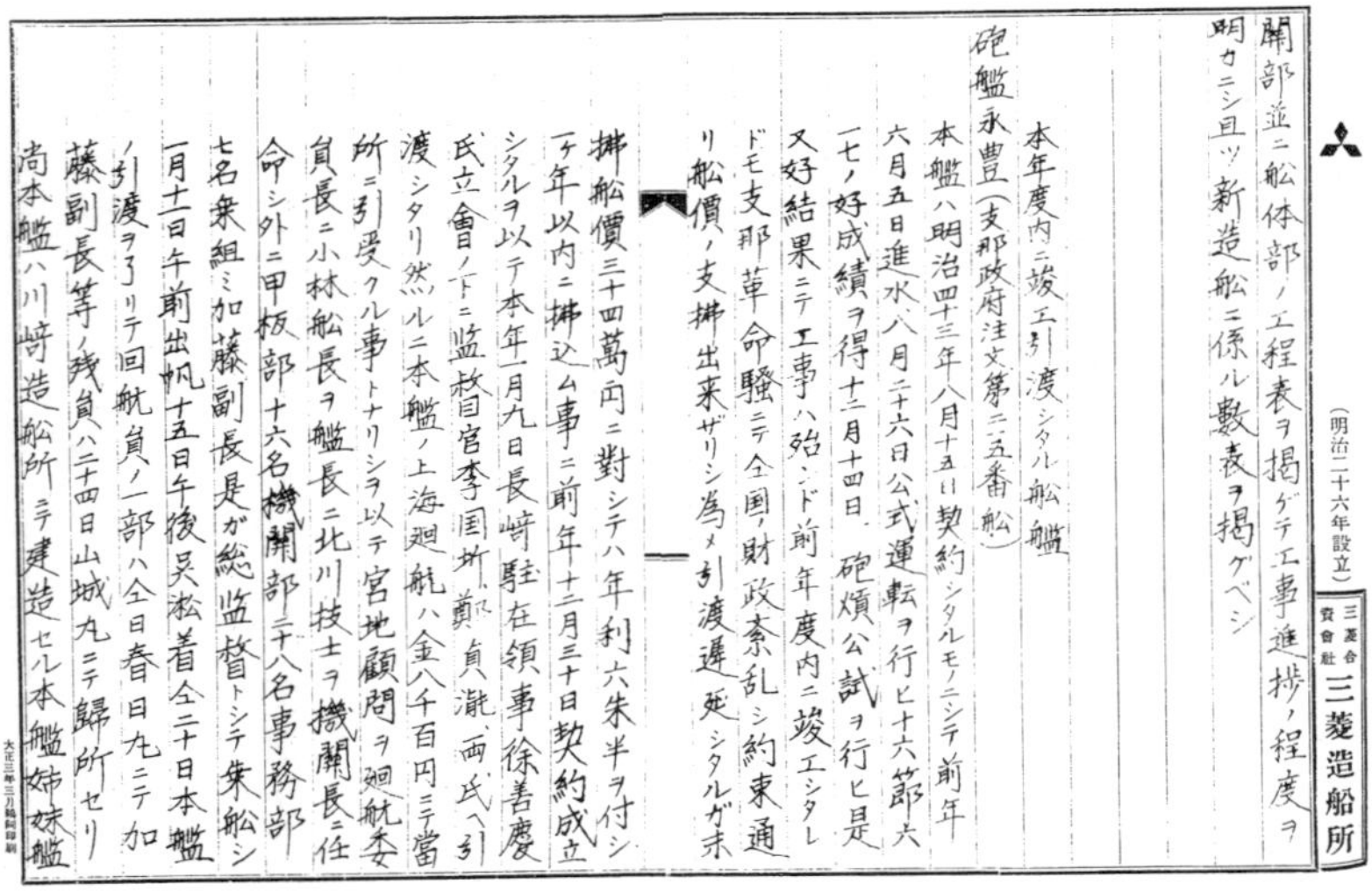
三菱合資會社 三菱造船所 （明治二十六年設立）

關部並ニ船体部ノ工程表ヲ掲ゲテ工事進捗ノ程度ヲ明カニシ且ツ新造船ニ係ル數表ヲ掲グベシ

本年度内ニ竣工引渡シタル船艦

砲艦永豊（支那政府注文第二二五番船）

本艦ハ明治四十三年八月十五日契約シタルモノニシテ前年六月五日進水、八月二十六日公式運転ヲ行ヒ十六節六一七ノ好成績ヲ得十二月十四日、砲熕公試ヲ行ヒ是又好結果ニテ工事ハ殆ンド前年度内ニ竣工シタレドモ支那革命騒ニテ全国ノ財政紊乱シ約束通リ船價ノ支拂出来ザリシ為メ引渡遅延シタルガ未拂船價三十四萬円ニ對シテ八年利六朱半ヲ付シ一ヶ年以内ニ拂込ム事ニ前年十二月三十日契約成立シタルヲ以テ本年一月九日長崎駐在領事徐善慶氏立會ノ下ニ監督官李国圻、鄭貞瀧両氏ヘ引渡シタリ然ルニ本艦ノ上海廻航ハ金八千百円ニテ當所ニ引受クル事トナリシヲ以テ宮地顧問ヲ廻航委員長ニ小林船長ヲ艦長ニ北川技士ヲ機關長ニ任命シ外ニ甲板部十六名機關部二十八名事務部七名乗組ミ加藤副長是ガ総監督トシテ乗船シ一月十一日午前出帆十五日午後呉淞着仝二十日本艦ノ引渡ヲ了リテ回航員ノ一部ハ仝日春日丸ニテ加藤副長等ノ残員ハ二十四日山城丸ニテ帰所セリ

尚本艦ハ川崎造船所ニテ建造セル本艦姉妹艦

永豊艦の建造記録（「三菱長崎造船所年報」）

部二十八名、事務部七名乗組み、加藤副長是が総監督として乗船し、一月十一日午前出帆、十五日午後呉淞着、同二十日本艦の引渡を了りて、回航員の一部は同日春日丸にて、加藤副長等の残員は二十四日山城丸にて帰所せり。尚本艦は川崎造船所にて建造せる本艦姉妹艦と同時に上海にて引渡す事となりたるが、本艦は川崎建造のものに比し総ての点に於て優り居るとて支那官憲其他関係者より賞賛され、大に面目を施したり。

すなわち、清朝末期の一九一〇年（中国側資料では八月十六日となっている）に清国海軍が契約をしたが、製造途中の一一年十月から辛亥革命が発生し、ついに清朝が崩壊し、一二年一月に中華民国が誕生した。永豊艦の誕生そのものが天下を揺るがした革命という激動の産物であった。そして注文主が倒産したのだ。

だが、新たに登場した中華民国の新政府は基本的に旧政府が外国と契約していた約束は遵守する方針を採用し、永豊艦も中華民国海軍が引き取ることとなった。問題は代金支払いである。契約は日本円で六十八万円だった。財政難に苦しんでいた新政府は支払に苦慮していた。中国側資料では、その支払い資金は日米英など五カ国銀行からの借款でまかなう予定であった。五回に分けての分割支払いで、清朝も自分の財力では支払できなかったのだ。ところが辛亥革命の余波で、三回以後の支払が滞納し、未払い金三十四万円が問題となった。中華民国海軍部が支払いの伺い申請を出した記録が残っている。予定通り製造したものの、三菱側も本当に支払ってくれるのか、革命の推移にヤキモキしたことであろう。それらの記録によれば、三菱と新政府が支払いに合意し、やっと上海へ運び込み、引き渡すことができた。

当時の長崎の新聞には進水式などの記事が掲載されている。『長崎日日新聞』によれば、一九一二年六月五日の予告記事「進水すべき支那砲艦」には、

三菱造船所に於て外国軍艦を建造するは今回が始めてなる。

翌日の記事「砲艦永豊進水式」は次の通り。

中華民国海軍部砲艦永豊（八百三十噸の）進水式は五日午前十時卅分、三菱造船所立神

長崎日日新聞より

●進水すべき支那砲艦　支那政府の注文に係る砲艦永豊號は五日午前十時三十分三菱造船所立神工場に進水式を擧ぐる筈なるが其要目左の如くにして命名者は管帶李國圻氏なり

▲總長二百五呎幅　二十九呎六吋　深十四呎九吋
▲吃水八呎　排水量八百三十噸　實馬力千三百五十馬力
▲速力十三節半　汽機直立逆動三聯成汽機二臺
▲汽鑵及圓筒型汽鑵二個　推進器双暗車式
▲無線電信遞信省式無線電信機一臺　龍骨据付四十四年八月十五日
▲竣工期四十五年八月十五日

猶三菱造船所に於て外國軍艦を建造するは今回が始めてなるが目下工事中のものは帝國政府注文の大軍艦(一萬七千噸)日本郵船會社注文の二百三十番船(一萬九百噸)東洋汽船會社注文の一百二十九番船(九千四百噸)にして軍艦矢矧は今猶公試運轉中なりと

明治45年６月５日

●砲艦永豊進水式　豫報の如く中華民國海軍部砲艦永豊(八百三十噸の)進水式は五日午前十時卅分三菱造船所立神工場に於て擧行せられたり定刻に達し李管帶左の命名書を朗讀するや僅々一分間にして無事進水を終れり

命名書

今日爲本艦進水期謹遵本國海軍總長部長訓令命名永豐此命中華民國元年六月五日　監造員　李國圻

式は是にて終れり一同導かれて別席の宴會場に入り立食の饗に移り先づ塩田造船所長の挨拶あり次に李管帶支那語を以て一場の祝辭を述べ中華民國領事館の王通譯之を英語及び日本語に通譯し次に安藤本縣知事は來賓を代表して答辭を述べ午前十一時散會したり來賓の主なるものは安藤知事、井手事務官、西川控訴院長、帆足代議士、王民國領事代理、米國領事ダイクマン、露國領事ヴヰヴオレス、獨逸代理領事ブットマン、露國義勇艦隊長崎支店長アスペレフ少將、横山長崎要塞司令官、椎名港務官、北川市長、橋本長崎商業會議所會頭、北方炭坑馬場卓一の諸氏在留中華民國人蘇道生其他主なる在留民新聞記者通信員等無慮七十餘名なりき

明治45年６月６日

●清艦試運轉好成績　長崎三菱造船所にて建造したる清國砲艦永豊號が過日來內試運轉並に公試運轉を執行し過分の好成績を收めたる事は既報の通りなるが同艦は長さ二百五呎、幅二十九呎半、深さ十四呎九吋、排水量八百三十噸の河用砲艦にして汽罐は鋼製圓筒形、汽機直立逆働三聯成、速力十六節、馬力千三百五十なり最初清國政府との契約速力は十三節半なりしに之を超過する事二節半實に無比の好成績と云ふべし因に同艦の引渡期は最初本月十五日なりしも其後延期し來り未だ確定せざるも遠からず決定を見るべしと云ふ

大正元年８月28日

工場に於て挙行せられたり。……先づ塩田造船所長の挨拶あり、次に李管帯支那語を以て一場の祝辞を述べ、中華民国領事館の王通訳、之を英語及び日本語に通訳し、次に安藤本県知事は来賓を代表して答辞を述べ、午後十一時解散したり。

英語でも通訳したとは、当時の長崎の国際性を示すもので興味深いが、「李管帯」とは先の「年報」でいう監督官李国圻のことであろう。但し「管帯」とは艦長の意味で、仮の艦長を自認していたのかもしれない。長崎の英字新聞では「Commander K. K. Lee」と表現している。

そこに来賓の名前が羅列されている。当時の雰囲気をうかがえるので面白い。

安藤知事、井手事務官、西川控訴院長、帆足代議士、王民団領事代理、米国領事ダイクマン、露国領事ヴヰヴオレス、独逸代理領事ブットマン、露国義勇艦隊長崎支店長アスベレフ少将、横山長崎要塞司令官、椎名港務官、北川市長、橋本長崎商業会議所会頭、北方炭坑馬場卓一の諸氏。

政界だけでなく、司法関係者、軍事関係者、外国領事、経済界から要人が出席し、まるで長崎の著名人すべてが集まったようだ。それだけ、永豊艦の進水に関心が高まっていたのだ。もちろん多くの在留中国人も参加した。露国義勇艦隊長崎支店長アスベレフ少将とは何者か。すでに三菱長崎造船所はロシア艦隊の修理に実績を上げていた。ロシア艦隊は不凍港を求めて南下政策を展開していたことは有名だ。ウラジオストク軍港のロシア艦隊は冬季に長崎港に寄港していた。その南下政策と日本の大陸政策が激突した日露戦争は、前線基地の佐世保軍港をもつ長崎造船業を繁栄に導いた。『三菱長崎造船所史』は次のように記している。

二〇三高地占領、旅順開城の後は修理船常に輻輳し、各工場とも日夜相継ぎて作業せしを以て、其修理高は百九十万円余の巨額に上れり。而して三千円以上の修理を為せるもの百二十二隻、小修理に止まるもの三百二十一隻を算す。三十九年度は日露戦役の後を受け、修理船工事は創業以来未曾有の盛況を呈し、其作業高二百三十五万円余の巨額に上れり。

日本軍に沈没させられたロシア艦のコレエッツ号、ワリヤーグ号、バーヤン号、バルラダ号、ノーウィック号などの引き揚げに従事したのも三菱長崎造船所である。まさに政商・三菱は戦争で潤ったのだ。日露戦争後、三菱長崎造船所の実績を評価したのか、ロシア義勇艦隊は新造船を同造船所に依頼していた。その関係でロシア軍人が出席していたのであろう。

永豊艦は小型砲艦

英字新聞の《The Nagasaki Press》も同じように進水式の様子を掲載している。

長崎の三菱造船所で最初の外国向けに建造されていた軍艦が昨日朝、進水に成功した。

中華帝国政府から注文を受けた河川用に造られた砲艦（gunboat）である。この記事にあるように永豊艦は吃水二・四メートルの「浅水砲艦」である。上々の試運転であったことを伝える『長崎日日新聞』は「河用砲艦」と表現し、次のように性能を称賛している。

速力十六節（ノット）、馬力千三百五十なり。最初清国政府との契約速力は十三節半なりしに、之を超過すること二節半、実に無比の好成績と云ふべし。

とはいえ、一六ノットの砲艦は、さほどの高速艦ではない。

中国は、ご承知のように内陸運搬に河川が多用されてきた。「南船北馬」といわれるように、中国の中央部を流れる長江は中国を横断する最も重要な動脈である。また広東に流れる珠江も省都広州と香港を結ぶ重要大型河川だ。当然ながら、中国警備の軍艦も中国河川に入らなければ機能しない。上海、南京、武漢などの重要都市が長江流域に位置する。ところが軍艦はスピードが生命だから一般的には吃水が深い。それでは河川に入れない。そこで浅瀬も可能な船底が浅くて広い河川用の軍艦が必要となる。この永豊艦もそのような目的で建造された。だから日本海や黄海での海戦に対応した本格的な外洋戦艦ではない。

中国軍艦博物館は次のように説明している。

永豊艦は中国近代史上、最も名前が轟いたものといえる。幾多の歴史的転換点に関係し、政治的意味合いがもっとも濃厚な軍艦である。永豊艦は姉妹艦の永翔艦とともに海防砲艦である（民国初期は巡洋艦と称されたこともあったが、誇張されたものである）。

実際に永豊艦が配備された場所は、珠江や長江の河川であった。だから決して威風堂々とした大型艦船といえる代物ではなかった。

記録によれば、全長二〇五フィート（六五・八メートル）、幅二九・六フィート（八・八メートル）、深さ一四・九フィート（四・五メートル）。総トン数は八三六トン。一、三五〇馬力。砲艦としての装備は、記録が様々だが、主砲がアームストロング四・五インチ（一〇五ミリ）砲、船尾の副砲が三・五インチ（七五ミリ）砲、それに側面に四七ミリ砲が四門。三七ミリ高射砲が二門。ライフル三二、リボルバー一五。その多くはイギリス製であったという指摘もある。三菱造船所が造船したのは艦の本体であり、装備される大砲、機関銃等は別の兵器工場で造られたものを運び込み、配備した。通常は海軍工廠呉製鋼部などから送り込まれたという。永豊艦の装備の詳細は定かでない。

エンジンは、石炭による蒸気式のスコッチ・ボイラー。一五〇トンの石炭を満載できた。このスコッチ・ボイラーはすでに時代遅れであった。『創業百年の長崎造船所』は次のように説明している。

軍艦は限られたスペースに大出力のボイラを装置しなければならない。スコッチ・ボイラでは効率がわるく、容量がかさむ。日本海軍では、すでに明治二十五（一八九二）年から、水管式ボイラを使い始めていた。当所では明治三十九（一九〇六）年、白露ほか数隻の三〇〇噸クラス駆逐艦用として、ヤロー型水管式ボイラを作成した。使用燃料は初め石炭で、明治四十（一九〇七）年ごろは石炭と重油との混焼、明治四十四（一九一一）年からは重油専焼になった。

三〇ノット以上の高速艦艇を造るにはスコッチ・ボイラーはすでに時代遅れであったが、河川用の低速艦艇では十分であった。もちろんこの方が経費が安かったのであろう。

三菱造船所の造船番号としては、永豊艦は二一五番。当時、すでに大型戦艦の建造が可能で、長崎造船所で一年後れに進水した巡洋艦・霧島は二七、五〇〇トン。また前年に進水した駆逐艦・山風は一、一五〇トンだったが、永豊艦の二倍の三三ノットが出せる高速艇だった。

孫文が三菱長崎造船所を訪問

三菱造船所との関係でいえば、永豊艦が長崎港を出港したのが一九一三年一月。実はその直後の三月二十三日、長崎を訪れた孫文が三菱造船所を視察している。中華民国の誕生で臨時大総統に就任した孫文が、わずか三ヶ月で臨時大総統のポストを袁世凱に譲った後、日本に財政援助を求めて訪日し、その帰国の時に三菱造船所を訪問したのだ。孫文が一貫して日本に財政的・軍事的援助を期待していたことは有名である。この日本訪問では、神戸でも川崎造船所を訪れている。そこでは次のように技術的高さを礼賛した。

今日は初めて貴工場を視察したが、その規模の大きさと顕著な進歩に驚いている。将来、社運が益々隆昌し、東洋の平和あるいは有事の際にも、均しく多大な貢献に寄与することをお祈りする。

孫文も日本から艦船の購入を希望していたと思われる。三菱造船所では、孫文に永豊艦建造の話は説明されたことだろう。孫文と一緒に三菱造船所を見学した鍾工宇の回想録「我的老友孫逸仙先生」が視察状況を語っている。

我々のホストは小型砲艦の模型を見せ、我が政府に建造を提案した。このような砲艦は当時の日本円で十万円であった。

永豊艦は六十八万円であったから、金額が大きく違う。回想であるから記憶違いは当然だ。三菱造船所が新しい砲艦の売込みを図ったのかどうかは判断できないが、この模型が永豊艦であったとも推測される。時すでに長崎には永豊艦の姿はなかったが、まさか、後に自分の命を救い、中山艦と命名された宿命の砲艦になるとは予想もつかなかったことであろう。

永豊艦は日本の他艦と比較すれば、むしろ小型の砲艦であった。さほど重視はされていない。

三菱長崎造船所にも現在はほとんど資料が残っていないという。設計図も現存しない。武漢の修復基地には、後世に乗組員が書いたという設計図が展示されていたが、詳細は不明である。戦艦・武蔵を建造した三菱長崎造船所としては、中山艦は誇るほどの砲艦ではなかったに違いない。乗組兵数は一〇八人。もちろん有名な砲艦であるが、中華民国海軍の艦隊の中でも決して大きくはない。一九一六年の記録では最大の海圻が四二〇名の兵力を誇り、兵員規模からいえば十三番目だった。その小型砲艦が他の大型艦を差し置いて有名になったのだから、歴史とは面白い。

第三章　南方政府に寝返った中国海軍

辛亥革命で中華民国が成立

長い王朝体制が崩壊してアジア最初の共和国が誕生した辛亥革命という激動の中でデビューした永豊艦は、いよいよ新しい希望のもとで成立した中華民国の海軍砲艦として配備されることとなった。すでに述べた如く永豊艦は中華民国の政治闘争と深く関わっているので、先ずは背景としての中華民国初期に展開された政治闘争ドラマを明らかにしなければならない。

中華民国は一発の革命で誕生したわけではない。一八四〇年から始まった阿片戦争から、「眠れる獅子」といわれた清王朝（大清帝国）は急速に衰退に向かったが、崩壊するまでにはそれから七十年の歳月を重ねた。

清王朝は二つの性格を帯びていた。一つは、中華世界を伝統的に支配してきた漢民族とは異なった異民族である満州民族が支配する異民族王朝であったということである。いわば夷狄の王朝支配であった。二つ目は、イギリス革命、フランス革命、アメリカ革命などを推進してきた新しい共和革命思想、議会制民主革命思想から見れば、極めて古い皇帝専制的王朝体制であったということ。俗に封建的体制といわれるが、中国の皇帝専制は封建制ではなく、集権的な郡県制であった。地方官はすべて中央から派遣され、ヨーロッパや日本のような地方に割拠する封建領主は存在しなかった。中国の封建制は秦始皇帝の登場で終わっていた。

一つ目の満州民族の支配は、漢民族にとって耐えられない屈辱である。漢民族から見れば正統的支配である漢民族政権を回復しなければならない。中国の歴史上、多くの異民族支配が出現したが、必ず漢民族による支配が回復してきた。漢民族の王朝だけが中華文明を発展させ、異民族支配は悲惨な歴史にすぎなかったというわけではない。清王朝の支配は、中国の伝統文明を大きく発展させることに貢献した。だが異民族支配でやはり漢民族の光を失ったという屈辱感は大きかった。だから失った光を回復するという意味で、「光復」革命が実現していた。一七世紀に明王朝が崩壊し、清王朝が誕生してからは「反清復明」（当初の意味は、満州民族の清王朝を打倒し、漢民族の明王朝を回復することであるが、後は「反満復漢」を意味していた）が悲願だった。いわば異民族支配打倒の民族革命の悲願だ。

と同時に、一九世紀末から二〇世紀にかけての革命運動は、民族革命の性格だけに留まることはできなかった。新しい西欧的思想がなだれ込んだ中国でも、二つ目の性格である古い皇帝専制の王朝体制を打倒し、選挙で大統領を選出し、新しい議会制民主国家を建設しようという

中華民国臨時大総統となった孫文

共和革命の思想が誕生した。いわば民主革命の希求である。

　こうして民族革命と民主革命がセットになった革命運動が盛り上がることになる。とはいえ、すべての政治勢力が、その両革命をセットで希求したわけではない。あるものは、満州民族支配打倒の民族革命に自己の存在意義を見出したし、あるものは、異民族王朝のもとでの民主化を目指した。革命の目標と性格はバラバラであった。

　辛亥革命はそうした様々な革命のアマルガムであった。辛亥革命は一九一一年十月十日に発生した湖北省の武昌蜂起（中国語では起義）から始まる。その蜂起に呼応した様々な政治勢力が各省で清朝からの独立を宣言した。独立した各省の実権を掌握した政治勢力・軍事勢力は、決して一様ではなかった。しかも、すべての省が独立したわけではない。独立を宣言したのは十八省（後に一省が独立を取り消す）だけであり、北方の半分は、依然として清王朝が支配を続けていた。

独立した各省の代表者は各省ごとに軍政府を樹立し、都督を名乗った。そのままではバラバラに分裂するので、各都督は新しい国家を建設するために連合会議を開くことになった。それが上海で開かれた「各省都督府連合会」である。こうして独立した十七省の各省から代表が派遣された連合会は新しい国家として中華民国の建設を決め、その臨時大総統に孫文を選んだ。しかし孫文は各省の思いや利益を代表していたわけではない。革命結社の興中会、中国同盟会などを指導してきた孫文が革命家としてはもっとも有名であり、一種のカリスマ性を帯びていただけであり、それ以上ではなかった。

こうして一九一二年一月一日、南京に中華民国臨時政府が誕生した。各省には独自に独立した政治勢力・軍事勢力が分散的に存在したままである。革命政府としての集権的凝縮力はなかった。しかも最悪なことに、北京にはまだ清朝政府が残っていた。北京の清朝政府を打倒しなければ真の統一国家を樹立できない。ところが寄り合い所帯の新政府にはそのような強力な軍事力はなかった。こうして南の南京革命政府と北の北京王朝政府との南北和解交渉が展開された。この交渉の結果、統一的支配力に欠ける孫文が臨時大総統の職を辞し、その職を北の袁世凱に譲った。一二年二月、袁世凱は首都を南京から北京に移し、軍閥支配を開始した。

北洋軍閥の巨魁・袁世凱の登場

北洋軍閥を支配した袁世凱

袁世凱は当時、清王朝政府の総理大臣であった。とはいえ、李鴻章の後を受けた北洋軍閥を指揮する軍事的指導者であり、満州民族とは違って漢民族であった。だから民族革命という観点から見れば、袁世凱の臨時大総統の就任は、その路線にかなうものであった。なぜならば袁世凱は臨時大総統の就任と引き換えに、悲願の満州皇帝の退位を取り引きしたからだ。約束通り、一九一二年二月、最後の皇帝である宣統帝溥儀を退位させ、長かった清王朝は滅亡した。念願の「光復革命」は完成した。しかし、光は決して明るくはなかった。むしろ袁世凱の登場で、中国政治は「暗黒」の時代に入ったといわれる。それは、もう一つの民主革命の側面において、袁世凱は別の方向性を歩み始めたからである。袁世凱は革命後の混乱を克服するには、民意を大事にする議会制共和国体制ではなく、強力な指導力のある強権政治の道を選択した。

もともと民主革命といっても、各省都督府連合会に結集した実力者においても、共通した政治体制のモデルがあったわけではない。革命派の内部においても、中央集権的政府の建設か、それともバラバラの各省の自主性を尊重した分権的連邦政府の樹立か、議論は分かれていた。憲政のあり方についても、直ちに憲法を公布し、西欧的な選挙による代議制的な議会民主主義体制を樹立するか、それとも過渡期においては民主的な独裁体制（軍政府）を確立し、その指導による上からの民主化を進めるか、民主化の構想に対立があった。

孫文たちの革命運動から遠く離れていた袁世凱は、別の国家構想を抱いていた。彼は、国会で民主的に議論する道は建国直後の中国には相応しくないと考え、大総統の強力な指導力を優先した。だが、初めての国会選挙で第一党になったのは袁世凱に対抗する国民党であった。当然、国会の主導権を握った孫文たちの国民党と対立した。袁世凱は、議会制民主主義を夢見た国民党の若き指導者であった宋教仁を暗殺し、国会軽視に出た。そして国民党系の都督を解任し、自己の権力強化を図った。

それは辛亥革命の精神を踏みにじるものであるとして、一三年七月に解任された国民党系都督の李烈鈞、柏文蔚が袁世凱打倒の革命（第二革命）を発動した。胡漢民の後に広東都督に任命された陳炯明も反袁世凱に立ち上がった。南京、上海でも反袁世凱の狼煙が上がった。新政権誕生後、二年もたたないうちに、再び内戦が勃発したのである。政治は一気に流動化した。だが軍事的には力の格差がありすぎた。この第二革命は軍事力に優る袁世凱の勝利に終わった。この勝利を契機に袁世凱は国会を解散し、一五年十二月、遂には帝制を復活し、みずからが洪憲皇帝を自称した。

とはいえ袁世凱も強力な中央集権国家を樹立できていなかったから、この暴挙に反対した各地の実力者は袁世凱打倒の第三革命を開始した。それが護国戦争である。辛亥革命の時に活躍した蔡鍔（元雲南都督）、李烈鈞（元江西都督）、唐継尭（雲南都督）らが雲南省昆明に護国軍政府を樹立し、帝制廃止を求めた。今度は袁世凱も勝利できなかった。帝制の廃止を宣言したが、護国戦争はやまず、その混乱の中で一六年六月、袁世凱は死去した。

護国戦争は、各省に割拠する軍閥の指導権をめぐる権力闘争でもあった。最大の軍事的指導者であった袁世凱が死去したことは、その軍閥的凝縮力を失ったことを意味する。凝縮力を失えば、当然バラバラになる。だから中華民国は軍閥割拠の戦国時代に突入した。軍閥混戦による事実上の分裂国家の出現である。

袁世凱の死後、北京に大総統・黎元洪、総理・段祺瑞の軍閥政府が誕生した。実力者は段祺瑞であり、事実上の段祺瑞政権であった。段祺瑞は安徽軍閥の領袖であり、当然ながら民主政治とは程遠く、軍閥的強権政治が続いた。軍人が跋扈する軍人政治で、一七年七月には安徽都督の張勲が廃帝・溥儀を擁立して清王朝復活（復辟）を試みたクーデターも発生するほどであった。張勲の復辟運動を打ち破った段祺瑞は御用国会「安福国会」を操縦し、議会政治は機能せず、政治は絶望的であった。

一七年九月、段祺瑞に反対する一部の旧国会議員が広東省広州に集まり、国会非常議会を設置した。段祺瑞は袁世凱が廃止した旧約法（憲法に相当し、この約法に基づき国会が成立していた）と旧国会の復活を守らなかったから、旧国会議員が反発したのである。国会非常議会に孫文や西南軍閥が合流し、広州に護法軍政府（正式には中華民国軍政府）を樹立した。そこで孫文が軍政府大元帥に選ばれた。段祺瑞の北京政府に対抗して南方に広東政権が生まれたのだ。事実上の国家分裂である。こうして南北拮抗時代に突入した。広東軍政府を南方政府とも呼んだ。

孫文が中華革命党を結成

護法軍政府の陸海軍大元帥に選ばれた孫文は、久々に政治の表舞台に登場したが、袁世凱に臨時大総統の職を譲った後、ここまで何をしていたか。

袁世凱に政権の座を譲った孫文は一九一二年三月、南京を去った。その後、国会選挙が始まり、孫文派は公開政党の国民党を組織して選挙戦に臨んだ。秘密結社的革命党から議会政党への転身である。孫文はもともと早期の議会政治実現には批判的で、先ずは軍政府を樹立し、徐々に民主化を進めるべきであるとの考えであった。しかし革命の熱は、一気に議会政治への歩みを始めた。選挙のために組織された国民党の指導権は宋教仁に奪われていた。ところが選挙に勝った国民党の台頭を恐れた袁世凱は、一三年三月、上海で宋教仁を暗殺した。

この時、実は孫文は日本に滞在していた。孫文は政府の「準備全国鉄路全権」の名義で日本を訪れていた。日本の実業界から資金援助を得るための訪日である。そのさなか、宋教仁暗殺のニュースが飛び込んだ。東京からの帰り、支援者・宮崎滔天の故郷・熊本県荒尾を訪れた後、長崎に寄り、前述したように三菱長崎造船所を訪れた。

帰国した孫文は上海で宋教仁暗殺後の対策を検討し、袁世凱への幻想を捨てることとなる。それまでは、孫文は袁世凱に一定の期待を抱いていたからである。第二革命が始まると、孫文は袁世凱の辞職を要求した。だが国民党系都督の武装叛乱はあっけなく袁世凱の武力で鎮圧された。国民党の武力叛乱は敗北したのだ。もともと武装叛乱は、生まれたばかりの議会政治の精神に反するものだった。議会を通して袁世凱の辞任を要求すべきであるにもかかわらず、武装蜂起で対抗するというやり方は、まだ孫文たちには過去の秘密結社の体質が染み込み、そこから脱却できなかったことを意味する。

郵便はがき

料金受取人払

麹町局承認

8890

差出有効期間
平成16年1月
31日まで
（切手不要）

1028790

東京都千代田区
飯田橋二—五—四

汲古書院

行

通信欄

購入者カード

このたびは本書をお買い求め下さりありがとうございました。今後の出版の資料と、刊行ご案内のためおそれ入りますが、下記ご記入の上、折り返しお送り下さるようお願いいたします。

書　名
ご芳名
ご住所 TEL　　　　　　　　〒
ご勤務先
ご購入方法　①　直接　②　書店経由
本書についてのご意見をお寄せ下さい
今後どんなものをご希望ですか

孫文は再び反逆者となった。清王朝打倒の革命蜂起で逮捕状が出た孫文は、たびたび日本に亡命したが、今回も同じように日本へ亡命した。革命派の孫文派が議会政治の道を破壊したのであるから、保守派の袁世凱も大胆に議会政治を破壊していった。不幸なことに、新国家誕生から二年そこそこのことである。

議会政治の夢が潰されていく中で、孫文は新しい革命の道を模索した。見方によれば、それは古い道への回帰であったともいえる。その結論が一四年六月の中華革命党の結成だ。

国民党は、選挙で民意を問い、その支持のもとで権力の正統性を確保しようという公開政党として組織された。その実現を夢見たのが若き指導者・宋教仁であったが、彼が殺害され、議会政治の旗手が消されると、一気に議会政治の熱は冷め、民意を聞くなどというまどろっこしい路線は否定され、再び武力対立の局面が登場した。

孫文が日本で再結成した中華革命党は、閉鎖的な秘密結社的政党への回帰である。なぜならば、孫文個人を絶対的な領袖と崇め、孫文個人へ忠誠を尽くす人物だけを組織したからである。その理由は次の通りである。

もともと孫文は中国人民の民意に依存するような考えはなかった。中国人は政治的に成熟しておらず、愚かな人民の民意に依拠することは危険であると考えていた。人民の政治的成熟度が低い段階で、民意に依存すれば、その結果は衆愚政治に陥ると確信していた。だから革命後に直ちに議会政治に入ることを嫌悪した。むしろ選ばれたエリートが権力を独占し、その前衛党が善政を実現し、上から徐々に民主化を進めていくべきであると、段階的民主化論を唱えていた。いわば賢人支配の善政主義に貫かれていた。こうして中国最大の賢人である孫文のもとに自覚したエリートのみが結集し、その政治結社が武装闘争で権力を掌握すべきだと考えたのである。

もう一点は、国民党が公開的な議会政党になったため、革命精神をもたない連中が紛れ込み、水膨れ政党になった、と孫文は理解した。立身出世したい連中だけが集まった猟官政党に堕落したという認識である。だからこの危機を脱するためには、立派な孫文革命の精神を理解し、それに忠義を尽くすエリートだけを組織し、再出発すべきであると考えたのだ。

だが、この復古的回帰には内部からも批判が集中した。孫文は中華革命党に入党する際、孫文個人に忠義を尽くす誓約文を書くように求めた。これにカチンときたのが、黄興ら革命派幹部である。革命派はもともと孫文個人が組織した秘密結社・興中会以外に、黄興、宋教仁らが組織した華興会、蔡元培らの光復会など異質の結社が合流していた。すべてが孫文に帰依していたわけではない。黄興は個人崇拝を求める中華革命党を、民主主義の精神に反すると批判した。第二革命を発動した李烈鈞も、参加を拒否した。

一身の自由を犠牲にしてまでも首領に服従するのは侮辱である。

革命派はバラバラになってしまった。

こうした非難にもかかわらず、孫文は中華革命党を組織し、反袁世凱闘争を開始した。だが当然ながら低迷した。すでに中国政治は武力を独占する軍人の武力闘争の世界であった。袁世凱政治を打倒した第三革命、すなわち護国戦争の主役は蔡鍔、李烈鈞らである。孫文派も武装蜂起したが、たいした影響力を発揮できなかった。

護法軍政府を樹立し護法艦隊が誕生

かくいう孫文も強力な軍事力を保有していなかったので、軍閥混戦の中では、他の既存軍事力と提携せざるを得ない。具体的には、北京を牛耳る袁世凱や段祺瑞の北洋軍閥の跋扈に反感を抱く西南軍閥と手を結び、中華革命党の存在をアピールした。そこには大きな矛盾がある。孫文の革命理念に純化された中華革命党だけでは、中国政治の主導権を握れなかったから、孫文の革命理念とは無縁の西南軍閥と提携するという現実に直面せざるを得なかった。

それが現実となったのが広州に組織された広東軍政府（護法軍政府）だ。

段祺瑞は旧国会の復活を拒否し、御用国会を組織した。これに反対する二百名以上の国会議員は広州に南下し、そこに国会非常会議を組織した。そして同じく旧約法に基づく旧国会の復

広州へ南下した海軍将校たち　前列左２人目から孫文、程璧光、林葆懌、後列左端が湯廷光

活を求めた西南軍閥である雲南軍閥の唐継堯、広西軍閥の陸栄廷の軍事的支援を受けて、広東軍政府を組織した。その軍政府の大元帥に選ばれたのが孫文である。

孫文が選ばれたのは、北の北洋軍閥支配に対抗できるシンボルが必要であり、著名な孫文が担ぎあげられたにすぎない。孫文大元帥を支える元帥に選出されたのは唐継堯と陸栄廷だった。中華革命党と西南軍閥との連合政権であり、一種の野合政権といえる。ところが唐継堯は元帥職に就任せず、政権基盤は不安定であった。そうはいえ、とにかく北方政権に対抗できる南方政権が誕生した。とうてい革命政権といえる代物ではなかったが、地方政権であっても、孫文は久しぶりに権力の座に復帰できた。

この南北対立劇の中で、中国海軍は南方政府に合流した。このことが永豊艦の運命を数奇なものにしていった。

なぜ中国海軍は段祺瑞の北洋軍閥を裏切り、南方の護法軍政府に寝返ったのか。それは袁世凱死去後に海軍総長（海軍大臣に相当）で海軍総司令であった程璧光が旧約法を擁護して北京政府から独立を宣言し、旧国会議員と広州に南下したからである。

一九一七年七月六日、孫文は妻の宋慶齢を同伴し、廖仲愷、章炳麟、陳炯明、朱執信、何香凝らと一緒に、巡洋艦・海琛に乗艦し、上海から広州へ向かった。広州郊外の黄埔に到着したのは七月十七日。すでに孫文は上海で海軍総長・程璧光および海軍第一艦隊司令・林葆懌と協議しており、広州への合流要請を通電した。それを受けて、七月二十一日、程璧光、林葆懌連名による海軍宣言が発せられ、護法運動に協力することとなった。

程璧光は奇しくも孫文と同じ広東省香山県出身だった。生っ粋の海軍士官である。一八九四年、広東艦隊の広甲、広乙、広丙三艦船を率いて北洋艦隊に合流し、日清戦争の黄海海戦に参加した。威海衛で敗北した後、職を辞して孫文の興中会に参加し、逮捕された経験を持つ。その後、李鴻章に説得されて海軍に復帰し、イギリスから購入した海圻の艦長となり、出世街道を驀進した。辛亥革命直前にイギリスから購入した肇和、応瑞の両艦を本国に運んだのも程璧光であった。

袁世凱死後、黎元洪総統の要請で程璧光は海軍総長に就任した。しかし第一次大戦における

護法艦隊の主力艦・海圻

対ドイツ参戦問題で段祺瑞総理が黎元洪大総統や国会と対立したとき、黎元洪を支持し、段祺瑞と対立した。こうして一七年七月、段祺瑞政権からの離脱を宣言し、第一艦隊を率いて広州に南下した。程璧光は広東軍政府でも海軍総長に選ばれた。そして海軍総司令には林葆懌が就任した。程璧光が率いて南下した第一艦隊の艦船は、海圻、永豊、飛鷹、舞鳳、同安の五隻で、すでに広州に向かっていた海琛、永翔、楚豫と合流した。その後、肇和も広州に参加し、南方政府の艦隊は合計十一隻となり、西南護法艦隊と称した。こうして、永豊艦は広州で活躍することになった。

永豊艦は長崎で建造された後、中華民国海軍の第一艦隊に配備された。当時、李鼎新海軍総司令のもと、第一艦隊、第二艦隊および練習艦隊に分けられていた。第一艦隊は大型巡洋艦六隻を中心に十三艦船から構成された。第二艦隊には巡洋艦は配備されておらず、第一艦隊が主力艦隊であった。永豊艦は山東省蓬莱沖の廟島に配属されたが、直ぐに湖南省岳州（岳陽）に回された。岳州は武漢上流の長江の南岸にあり、南には洞庭湖を臨む要所である。基本的には長江警備である。すでに見てきたように、永豊艦は吃水の浅い河川艇であるから、長江に配備されたのだ。

中華民国が誕生した後、たちまち第二革命、第三革命が勃発し、海軍もその嵐から自由ではなかった。一三年七月から八月にかけての第二革命では、海軍は北京の袁世凱政権擁護の立場から、国民党系軍隊の叛乱鎮圧に動員された。

八月二十日、応瑞、海琛、楚同、永豊の四艦が長江の鎮江に結集し、南京と蕪湖の分断に動員された。南京を占拠する黄興らの「討袁軍」を砲撃、政府側の馮国璋軍の長江渡江作戦を河から支援した。これが、永豊艦が実戦に投入された最初であった。南京攻防戦では海圻、海琛が革命派占拠の南京の獅子山砲台を砲撃し、南京陥落に貢献した。また革命派の上海蜂起では、鎮圧に駆けつけた海圻、海琛が革命派の呉淞口砲台に攻撃をかけ、逆に被爆した。

第三革命期では一五年十二月の「肇和艦の叛乱」失敗が有名である。中華革命党が結成されると、元上海都督の陳其美は配下の蔣介石などと協議し、上海に停泊中の練習艦隊所属の巡洋艦・肇和、応瑞、通済の占拠計画を進めた。特に肇和の内部には叛乱に呼応する人々も多く、革命派・楊虎の陸戦隊が小船で肇和を取り巻き、叛乱を呼びかけた。ところが上海に停泊していた応瑞、通済が肇和に砲撃を加え、叛乱は失敗した。ロシア一九〇五年革命で有名な戦艦ポチョムキンの叛乱のようにはならなかった。

第三革命の護国戦争が高まると、今度は第一艦隊が護国軍政府側に回って、袁世凱政権に対抗した。袁世凱が死去した一六年六月、海軍総司令・李鼎新は第一艦隊司令、練習艦隊司令らと護国軍支持の通電を全国に発した。そして、福州にいた海容、海琛、海籌、肇和など巡洋艦が上海・呉淞口に結集し、上海・黄浦江からも巡洋艦・海圻、通済、そして砲艦・永豊、飛鷹が合流した。こうして海軍の独立が宣言された。これが、永豊艦の最初の革命的行動であるといわれている。

次に起こったのが一七年七月の程璧光による広州への海軍南下だ。その意味で、海軍と北京政権との関係は常に緊張をはらんだものであるといえよう。では、なぜ李鼎新、程璧光ら海軍トップは北洋軍閥の北京政府に反旗を翻したのであろうか。李鼎新の護国軍支持声明には、次のように記されている。

唯一の道は、民国元年に作成された約法を復活させることであり、それが急務であることは議論の余地はない。……辛亥革命から現在に到るまで、兵乱が続き、その原因を探れば、実に国政の方針がことごとく武力に左右されたことにある。名は民主共和といえども、その実態は武人専制である。正義は埋没し、国家は動揺しているのもすべてこのためである。

軍人たるもの、ただ黎元洪大総統を擁護し、共和を保証することが職務であることを認識している。……今、海軍将士を率いて六月二十五日、護国軍に加入し、中央が法に依って再建されることを待っている。旧約法、国会、正式内閣が回復されるまでは、李鼎新はしばらく臨時総司令の名義で上海に留まり、海軍の現状を維持しつづける。

明らかに「武人専制」を非難し、旧約法の復活を求めている。海軍の武人が「武人専制」を非難するところに新鮮さを感じるが、黎元洪に「武人専制」を打破する期待を求めているところに軍人的限界がある。なぜなら黎元洪自身、その「武人専制」が生み出した兵乱の一因であるからだ。旧約法の復活要求が、黎元洪と段祺瑞の政治対立に利用されている。

実は、先に見た肇和艦の叛乱騒動で、李鼎新は段祺瑞から解任されていた。このことから、海軍の独立はいわば軍人間の権力闘争の産物であることが浮かび上がってくる。「民主共和」を熱望する真心から護国軍に寝返ったわけではない。

次に程璧光の南下宣言を見てみよう。倪嗣沖、張勲を約法破壊の元凶として非難し、次のようにいう。

わが海軍将士は鉄血で共和を構築し、鉄血でこれを擁護してきた。……わが海軍将士は次の三点を求める。一、約法の擁護、二、国会の復活、三、首謀者の懲罰。求めるのは共和の実態であり、共和の虚名ではない。

海軍の南下で大元帥に選ばれた孫文も絶賛している。

わが海軍は終始共和を擁護してきた。広東の督軍、省長ともに同情を禁じ得ない。今日、広東に来航し、西南各省と連合し、真の共和を強固にし、その目的のためには一身の犠牲も惜しんでいない。……わが海軍が人民に真の共和の幸福を享受させることを深く望むものである。

李鼎新、程璧光ともに大義名分は「真の共和」の回復である。だが北洋軍閥の軍閥支配全体を糾弾しているわけではない。南下宣言の宛先は黎元洪大総統、段祺瑞総理であり、共和の復活を求めているものの、軍人支配を直接に非難することはない。ここにあるのも、軍閥間のパワーゲームにすぎない。こうした軍隊に擁護された広東護法軍政府であるから、いずれ新しい軍閥混戦の波にもまれて崩壊する運命にあることは明らかだ。

広東軍政府が樹立された広州を中心とする広東省は、実は陸栄廷の広西軍閥の支配下にあった。西南各省の支持のもとに成立したというが、その内部の権力闘争も激しかった。「広東人が広東を治める」の声が高まると、その内部矛盾は激化した。

一八年二月二十六日、広東出身の程璧光海軍総長が海軍本部のある広州海珠で暗殺された。だから広西軍閥による暗殺といわれたが、実は中華革命党の朱執信が暗殺した。程璧光が裏で陸栄廷と結んでいると疑った広東派が暗殺したのだ。それほど相互に懐疑的であった、ということになる。程璧光海軍総長の後任には海軍総司令の林葆懌が兼任した。

こうした状況のもと、広東護法軍政府が長続きするはずはなかった。孫文に不満を持つ西南軍閥は、一八年四月、大元帥制を廃止し、総裁制に改めた。孫文の大元帥職を奪い、軍政府は七総裁制となり、岑春煊が主席総裁に就任し、孫文は七人の総裁の一人となった。実権を奪われた孫文は失意のもと五月二十一日、広東を離れて上海に隠遁した。こうして孫文が期待した護法運動は一年ももたずに失敗してしまった。

孫文と一緒に広州へ南下した永豊艦は、護法艦隊の砲艦として一七年十二月、潮州、汕頭へ派遣された。福建督軍・李厚基が潮梅鎮守使・莫擎宇と組んで恵州を攻撃したからである。軍政府軍は潮州で李・莫連合軍を迎え撃った。その戦闘を支援するため、護法艦隊の海圻、永豊などが派遣された。海軍の積極的な援護で莫軍を駆逐することに成功した。ところが今度は龍済光の攻撃である。龍済光は長く広東に跋扈した北洋軍閥系軍人であった。護法軍政府が出現した後は、龍済光残存部隊が海南島に駐屯し、十二月、広西・雷州半島に進出した。広州は脅威にさらされた。孫文は直ちに潮仙から護法艦隊を瓊州海峡へ回し、龍済光討伐戦線へ送り込んだ。戦闘は一八年五月まで続いたが、護法艦隊は龍済光軍の艦艇を多く拿捕すると同時に瓊州海峡の砲台を砲撃した。そして陸軍の瓊州上陸を支援し、最終的な龍済光追放に成果を上げた。

永豊艦は国内の内戦に動員されるために建造されたものではなかったが、現実の中国は南北内戦に明け暮れ、永豊艦はその内戦に振り回されることとなった。ただ護法艦隊として孫文の革命派の戦闘に動員されていたことは、中国史上は名誉なことであった。

ところが、五月に孫文が上海に去った。護法艦隊はそのまま広州に配備された。暗殺された程璧光海軍総長の後任となった林葆懌が、七総裁の一人に就任し、護法艦隊は広州政府の海軍として広東に留まった。

第四章　孫文と対立する陳炯明の分権国家論

陳独秀が共産党を結成

護法軍政府が崩壊し、孫文が上海に去った後も北京政府と広州政府の南北分裂は続いた。その時の広州政府は、事実上、北京に対抗する西南軍閥（雲南軍閥と広西軍閥）の軍閥政権であり、北京軍閥政権と広州軍閥政権の間の軍閥混戦にほかならなかった。こうした軍閥混戦が繰り返されれば、中国は疲弊するだけである。軍閥混戦に絶望した若い知識人は、一部の軍閥と提携する孫文の革命運動にも愛想をつかし、新しい革命の道を模索していた。こうした中、一九一九年五月、軍閥支配に反対し、さらに帝国主義に反対する「五四運動」が勃発した。全国的な大衆運動である。直接的契機は、第一次大戦の講和会議であるベルサイユ講和会議で、列強の利害関係が優先され、不平等条約体制を改めて欲しいという中国の要求が無視されたからである。

第一次大戦のどさくさを利用し、日本が対華二十一箇条要求を突きつけ、山東半島にあったドイツ権益を日本が奪っていた。戦勝国・中国としては、敗戦国ドイツの権益は中国に返還されるべきであると信じていた。だからベルサイユ講和会議では、日本に奪われた山東半島の利権を中国に返還せよと要求した。ところが西欧列強は日本の主張を認め、中国の要求は拒絶された。それが大衆の民族感情を激高させたのである。労働者は日系企業でストライキを敢行し、商店では日貨ボイコットが行われた。この大衆運動が高まるという新しい潮流の中から、二一年七月、上海に中国共産党が結成された。指導者は、新しい知識人の代表である陳独秀と李大釗であった。

陳独秀は一貫して孫文とは距離を置いてきた革命家である。最初は出身地の安徽省安慶で清朝打倒の秘密結社を組織すると同時に、口語文の新聞『安徽俗話報』を発行し、民衆の意識改革、思想変革を志向していた。辛亥革命が勃発すると、秘密結社の仲間・柏文蔚が安徽都督となり、その秘書長に就任した。一時、政治の世界に身を置いたが、柏文蔚が袁世凱打倒の反乱に失敗すると、上海に逃れ、言論の世界に活路を見いだそうとした。柏文蔚は孫文と行動をともにし、国民党幹部となったが、陳独秀は独自の道を歩んだ。

陳独秀は孫文の中華革命党には合流せず、一五年からは啓蒙雑誌『新青年』を編集発行し、知識青年の圧倒的支持を獲得した。「デモクラシーとサイエンス」を合い言葉に、民主政治の実現、科学的思考の確立を求めた。積極的に西欧民主思想を紹介し、思想革命を主張した。一種の啓蒙運動である。その最大の敵は、民主主義への敵対者、すなわち伝統的な儒教思想であった。個人の人権、思想の自由を認めない儒教思想とその支配秩序によって権威づけられている伝統的支配への挑戦である。一冊の雑誌発刊が、いわゆる「新文化運動」という文化革命を中国にもたらしたのである。

「なぜ辛亥革命の精神は崩れ去ったのか」。この問いかけの答えを真剣に模索した陳独秀は、国民の意識・思想が変わらなくては、本当の革命は達成できないと確信していた。共和革命にもかかわらず、軍閥支配が続き、いっこうに民主政治が実現しない最大の原因は、民衆がまだ民主主義がなんたるかを知らないからである。思想が変われば世界が変わると信じていた。思想を変えなければ世界は変わらない。だから政治革命に先行する意識革命を求めたのだ。

孫文は軍閥打倒のために、一部の軍閥と提携し、軍閥打倒の軍事闘争を展開していたが、陳独秀は軍閥打倒のために、軍閥支配がよって成り立つ封建思想・儒教思想の超克を唱えていたのである。

一七年、ロシア革命が成功し、中国にもマルクス主義が怒濤の如くなだれ込んだ。その影響で、西欧的啓蒙民主思想家であった陳独秀がマルクス主義者に成長し、中国共産党を創設した。思想家・陳独秀が政治家・革命家へ変身したのだ。すでに言論人としてはカリスマ性を獲得していた陳独秀を中心に、コミンテルンおよびソ連の援助のもとで中国共産党が結成された。日

広東の覇者・陳炯明

本共産党設立（二一年）の一年前である。『新青年』で育った大学生など青年知識人が続々と共産党に入り、労働運動の高まりを背景に、瞬く間に中国の政治を左右する革命勢力に発展した。新しい時代が新しいヒーロー・陳独秀を求めたのである。

陳独秀の道は、軍事優先の孫文の道を否定し、それを乗り越えようというものだった。直ぐには乗り越えられなかったが、国際的なネットワークを持つ共産党の登場は、孫文、国民党にとって、一種の脅威であった。二つの革命政党が競い始めた。孫文も、労働者や農民、青年に浸透する共産党の存在を無視することができず、それとの提携を模索する羽目となった。

共産党を生み出した新しい潮流とは距離を置いて、孫文は再び広州への復帰を画策していた。相変わらず、軍事闘争で地方政権を掌握し、その軍事力で北京軍閥打倒の北伐戦争を発動させようと考えていたのである。労働者や知識青年、そして大衆に依拠しようとした陳独秀にたいし、孫文は相も変わらず軍事力に依拠していた。当時、広東の支配者は、広東人ではなかった。広西軍閥が広東を席巻・跋扈していた。二〇年八月、福建支援の広東軍総司令であった陳炯明は孫文の要請を受け、「広東人が広東を治める」（粤人治粤）をスローガンに、福建省漳州に駐屯していた広東軍を指揮して広州へ進撃を開始した。広東奪回作戦である。広東軍が広州に迫ると、広州内部の軍隊からも広東軍に呼応し、広西軍閥支配から独立する叛乱が続いた。

こうして孤立した岑春煊、陸栄廷、林葆懌らが自ら軍政府総裁職務を解除した。勢いづいた陳炯明の広東軍は広州に戻り、広西軍閥勢力を駆逐した。そして孫文を上海から迎え入れた。十一月末、二年半ぶりに広州に戻った孫文は広東軍政府を再建し、陳炯明を広東省長兼広東軍総司令に任命した。いわゆる第二次広東軍政府の誕生である。

広西軍閥を駆逐したものの、決して孫文の権威が確立した革命政府ではなかった。孫文はすでに中華革命党を中国国民党と改称し、孫文個人に忠誠を尽くす閉鎖的な私党から開放的な公党へ改組する準備を始めていた。だが、軍事力を持たない国民党が独自な政権を樹立することはできず、相変わらず雲南軍閥・唐継堯の軍事力と、陳炯明の広東軍の軍事力に支えられた不安定な政権であった。

二一年四月、上海に戻っていた旧国会議員を広州にかき集め、再び旧国会非常会議を開催して、軍政府を取り消すと同時に、孫文を大総統とする「中華民国政府」を組織した。しかし軍政府から「正式の政府」へ格上げされたとしても、あくまでそれは広東でのことであり、孫文は非常会議で選ばれた「非常大総統」にすぎなかった。正規の国会で承認されたものではない。広東政権を支えていた陳炯明は、内務総長兼陸軍総長、そして広東省長、広東軍総司令として権力を集中した。まさに孫文と陳炯明が広東の両雄となった。こうして「両雄並び立たず」が現実のものとなってくるのである。

広東政局を左右してきた陳炯明

陳炯明は軍閥という言葉で括るにはあまりにも破天荒すぎた。いうまでもなく有能な軍人であったが、同時に革命家であり、理想社会を求める思想家でもあった。その理想が孫文の理想とかけ離れていたので、ついには悲劇的な決裂を迎えることとなる。彼ほど評価が分かれる人物は少ないであろう。孫文は、陳炯明がその革命運動に追随しているときには、最大の賛美を惜しまなかった。ところが陳炯明が孫文打倒のクーデターを発動した後は、評価が一転した。

陳炯明によるこの度の叛乱は、兵力をかさに民衆を苦しめ、被害をもたらした。まさに革命の精神や道徳とは正反対のものである。その主義は、地域に居座って割拠することであり、私欲を逞しくするものにほかならない。

孫文が強調したかったことは、陳炯明の道が革命ではなく、自己利益のための叛乱であるということである。自分に反対したことが許せず、即、反革命の烙印を貼った。実は、孫文は反対者にたいして比較的寛容な革命家で、これまでは批判者を受け入れてきた。それほどの人物が唯一、厳しく批判したのは身内から反逆者を出した陳炯明クーデターである。それほど深刻な叛乱であった。なぜなら、単なる個人的な裏切りではなく、その叛乱が孫文の「主義」の正統性を揺るがすものであったから、自己の正統性を強調するためにも、陳炯明を激しく罵らなければならなかったからだ。

後で明らかにするが、中央集権国家建設を希求する孫文の「主義」と、地方分権国家建設を希求する陳炯明の「主義」とが対立し、結果として孫文と袂を分かったが、それまでの陳炯明の経歴は、まさしく革命家の歩みそのものであった。しかも、とてもユニークな革命家・思想家であった。そして孫文を追放する大義名分も、孫文の大義とはかけ離れていたが、充分に革命性を有するものであった。不幸なことに「革命家」孫文に刃向かったから、「反革命」の烙印を貼られたにすぎない。

陳炯明は広東省海豊県の知識人家庭で育った。広東法政学堂で学び、そこで多くの革命家に遭遇した。教師の朱執信、学生の鄒魯と知り合う。共に孫文の側近となる革命家である。辛亥革命が勃発する直前の一九〇九年、清朝の新政改革で地方議会として諮議局が各地に創設されたが、陳炯明は広東諮議局の議員に選ばれた。三十一歳の時である。『陳炯明集』には、当時の発言や議会へ提案した草案が数多く記載されている。そこで有名な清末革命家の邱逢甲と一緒に、賭博禁止を主張した。この主張は、その後もたびたび現れる。譲れない持論であったのだろう。同時に城・鎮・郷レベルでの地方自治確立を求めた。また女子教育の必要性を唱えている。この段階から、陳炯明の理想主義が現れている。悪弊から自立した新しい人間が中心となり、地域を中心とした地方自治の積み重ねで国家は再生されると信じていたのだ。個人や地域の安定よりも、天下国家の安定を第一義的に優先する伝統的な国家観の超克である。

そして諮議局員のまま、孫文たちの反清革命結社・中国同盟会に加盟した。同盟会員になったばかりの陳炯明は、一一年四月に同盟会が起こした有名な広州黄花崗蜂起に参画した。軍事蜂起は孫文と肩を並べる黄興が指揮したが、その準備段階で陳炯明は黄興に重要な役割を与えられた。それほど期待されたのだ。ところが軍事蜂起にためらいを感じ、香港へ逃亡した。このことで黄興に痛く非難されたが、同盟会から見捨てられたわけではなく、また革命戦線から離脱したわけでもなく、香港で劉師復（後に禁欲的なアナキストになる）が組織した「支那暗殺団」に参加した。

後に陳炯明は社会主義思想に大きな影響を受けるが、それはアナキスト劉師復と交流した香港時代の影響が強いのではなかろうか。

辛亥革命が発生すると、陳炯明は広東の英雄として登場した。一一年十月十日、湖北省武昌で反清革命の狼煙があがると、広東省でも各地で革命運動が燃え上がった。広東省東江地区の革命蜂起の責任者であった陳炯明は総司令に推され、先ず十一月一日、淡水で警察署を襲って広東革命の狼煙を上げ、次いで恵州へ進軍した。

十一月九日、恵州を占領すると、そこで革命に立ち上がった農民、手工業者、会党（秘密結社）の武装メンバーを七個旅団に編成し直し、改めて陳炯明が総司令となった。革命軍の誕生である。革命軍は「井」の文字をあしらった旗を掲げた。土地の共有制を意味する古代の井田制にちなんだ旗である。土地所有の不平等からくる社会問題を解決する意味合いが含まれていた。

広州では同盟会の重鎮である胡漢民が、北京から独立した広東軍政府を組織し、広東都督に選ばれた。しかし軍事的には不安定で、軍事力を有する陳炯明の広州入城が期待された。胡漢民は次のように記している。

陳炯明はわれらと生死を共にしてきた。苦しみを分かち合ってきた老党員である。強力な支柱として陳炯明に政府を助けてもらうことは、躊躇する余地のないものである。

胡漢民は陳炯明を革命同志として受け入れた。こうして十一月二十九日、陳炯明は六個旅団六、七千の兵を率いて広州へ入城した。陳炯明は広東副都督に就き、胡漢民・陳炯明の胡陳合作共治が始まった。政治は胡漢民、軍事は陳炯明の明確な分担である。ところが十二月末、ヨーロッパから孫文が革命中国に戻った。同盟会の主流が集まる広東では、孫文を広州にとどめ、同盟会主導の革命根拠地を固めようとした。しかし孫文は全国統一の必要性を強調し、新国家の指導者となるべく上海へ向かった。広東での確執は、あっけなく孫文の勝利で終わった。しかし、先ずは地方主権を固めようとする分権的な考えと、統一国家主権を重視する集権的な考えとの対立が顕在化していたと見ることができる。

この時、広東都督の胡漢民が孫文に随行して北上し、中華民国が誕生すると南京臨時政府の秘書長に就任した。こうして誕生したばかりの広東都督が不在となった。省議会は副都督の陳炯明に都督就任を要請したが、陳炯明は辞退した。さらに孫文自身も陳炯明に都督就任を強く求めたが、ガンとして応えなかった。広東出身の老幹部である胡漢民、汪精衛を差し置いて都督に就任することを潔しとしなかったのであろう。しかし都督代理として、事実上は広東を支配していた。

広東の覇者・陳炯明は、先ず革命に蜂起した様々な軍隊を正規の陸軍に編成し直さなければならなかった。正規の広東陸軍を組織するにあたり、陳炯明は自己が率いてきた軍隊を中心に二五、〇〇〇兵の広東陸軍を編成した。これで広東軍は陳炯明に忠誠を尽くす私兵的性格が濃厚となり、陳炯明の軍事的地位が強化されたことはいうまでもない。

もっとも手を焼いたのは、民軍（民間の私兵）の処置である。広州には、反清の軍事秘密結社（会党）や、緑林と呼ばれる武装集団、流民的な農民、手工業者などが様々な民軍を組織して、革命に立ち上がり、そのまま広州へなだれ込んでいた。繁栄する南方最大の巨大商業都市に寄生して生活の糧を得ていた。革命蜂起に功績があったとしても、正規の軍隊が組織されれば、これらは無用の長物であり、むしろ寄生虫的厄介者であった。多くの反感を買ったが、陳炯明はこの民軍整理に辣腕を発揮し、民軍が抵抗して叛乱すれば、容赦なく鎮圧に乗り出した。この乱暴な措置は、革命後に起こりがちな混乱を克服し、秩序維持に成果を上げ、民軍跋扈の情勢不安を一掃した。だから辣腕的采配は、一方で非難されると同時に、他方では賞賛された。

陳炯明が権力を固めようとしていたとき、孫文臨時大総統の職を袁世凱に譲るという大変動で南京臨時政府が崩壊した。中央政府のポストを失った胡漢民が再び南京から広州へ戻ってきた。一二年四月、広東省議会は孫文の意向を受けて、改めて胡漢民を広東都督に選出した。当然ながら、留守中に広東の全政局を統括していた陳炯明は面白くなかった。広州から香港に去って、不満の意を示した。あわてた省議会が陳炯明を軍統に任じて、軍権のすべてを与え、香港から呼び戻したほどである。民政は胡漢民、軍政は陳炯明という「軍民分治」である。かろうじて胡漢民と陳炯明の分裂は回避できた。

ところが中央でやっかいなことが生じた。袁世凱は「軍民分治」を求めて、各省で軍事介入を進めた。袁世凱は中央から軍事担当者を各省に派遣しようとしたのである。当然ながら胡漢民らは「軍民共治」を唱えて、中央政府の地方介入に抵抗した。袁世凱に抵抗するためとはいえ、「軍民共治」とは広東では胡漢民が民政と軍政を統括することを意味し、胡漢民と陳炯明の関係は危うくなった。

一三年六月、袁世凱は国民党系の三都督を解任した。袁世凱は広東省では胡漢民に代えて陳炯明を新しい都督に任命した。胡漢民と陳炯明の対立を利用しようとしたのである。袁世凱は陳炯明を国民党から引き離そうとしたのだ。孫文と黄興は陳炯明を懸命に説得し、都督職を受諾して広東の軍事基盤を強化すると共に、その力で袁世凱打倒の広東独立を求めた。李烈鈞が江西で、柏文蔚が安徽で、そして黄興が江蘇都督・程徳全に迫って南京で、それぞれ反袁世凱の独立を宣言した。袁世凱派につくか、それとも孫文派につくか、選択の岐路に立たされたが、陳炯明は革命派を裏切らなかった。七月十八日、陳炯明も広東の独立を宣言し、反袁世凱の闘いに加わった。

期待を裏切られた袁世凱は龍済光を広東宣撫使に任じ、陳炯明討伐を命じた。この時、海軍は陳炯明に背いて龍済光についた。江鞏、江固ら六隻の艦艇が龍済光の命に従い、その他の艦艇は修理を理由に香港へ去った。軍事的なバランスは袁世凱に優位になった。陳炯明の叛乱は政府軍に敗北し、八月四日、香港へ脱出した。広東の第二革命はこうして終焉した。陳炯明の広東支配も第一幕を閉じたのである。

護国、護法そして社会主義の星

香港からシンガポールに逃げた陳炯明は、その後にフランスなどを外遊し、革命の再起をねらっていた。ただ、孫文が東京で中華革命党を結成したが、それには黄興らと共に加わらず、李根源、李烈鈞らが組織した欧事研究会に合流した。孫文に批判的な革命派の組織であった。袁世凱打倒の護国戦争が起こると、一九一六年一月、陳炯明は辛亥革命期の先例に倣い、広東・淡水で部隊を組織し、「広東都督兼討逆共和軍総司令」の名義で袁世凱打倒を宣言した。革命戦線への復帰である。

ところがフランス経験で、陳炯明の思想も変化を受けていた。以前の陳炯明とは違っていた。この時、陳炯明は袁世凱を共和制破壊の元凶と批判する一方で、来るべき共和制の再興プランは、辛亥革命後のそれとは異なったシステムであった。

　国民と共同で連邦政府を建設し、元首を公選し、国家を代表し、共和の基礎を強固にし、よって民国の栄光を発揚させる。

明らかにアメリカ的連邦制の実現を夢見ている。五年後に燃え上がる「聯省自治」構想の原型が初めて登場した。

だが今度は、陳炯明の討逆共和軍は広州に攻め込むことはできなかった。一六年十月、広西軍閥の陸栄廷が広東督軍として龍済光を駆逐し、広州を支配したからである。陳炯明は恵州に留まったままであった。結局、陳炯明部隊は、広東省の護衛軍として組み込まれた。

一七年六月、孫文は護法運動を成功させるため、失意の陳炯明を上海に呼び、協力を申し入れた。こうして再び孫陳の融合が成立した。孫文は陳炯明の広東における影響力を期待したのである。護法運動は西南軍閥との野合であり、そのまっただ中に乗り込んで行くには、広東派軍人で、しかも革命派の陳炯明を必要としていたのだ。

孫文は海軍と一緒に広州へ南下し、護法軍政府を樹立した。旧国会の非常会議が軍政府の大元帥に孫文を選出し、孫文は陳炯明を軍政府第一軍総司令に任命した。だが広東の軍事力は広西軍閥が握っており、実際は軍事力をもたないという名前だけのポストであった。ところが幸運にも陳炯明が軍隊を掌握する機会が訪れた。北京政府の段祺瑞が武力統一を画策して南方政府討伐軍を派遣してきたからである。南方政府は北方政府に対抗するため、隣の福建省に出撃することとなった。その任務に選ばれたのが軍隊を持たない陳炯明だった。急遽、「援閩粤軍」（福建支援の広東軍）が組織されることとなり、旧陳炯明軍（討逆共和軍）の部隊が陳炯明に与えられた。陳炯明は軍隊を取り戻したのだ。

一七年十二月、孫文は陳炯明を援閩粤軍総司令に任命し、翌年一月、陳炯明は広東軍五千を率いて福建に出兵した。陳炯明は軍人として息を吹き返した。この広東軍は数少ない孫文直属の軍隊であった。孫文は過分に肩入れした。

ところが一八年五月、広東護法軍政府は総裁制に改編され、孫文は上海へ去った。南方の根拠地を失った孫文にとって、唯一の希望は福建駐屯の陳炯明だけであった。同年末、十ヶ月にわたる転戦を経て、陳炯明は福建の李厚基と停戦協定を結んだ。広東軍は福建南部の二十六県を占拠し、漳州を中心に「閩南護法区」を築いた。漳州が陳炯明の理想を実現する実験場となったのである。段雲章他『陳炯明的一生』は次のようにいう。

広東軍は遂に足場を築いた。暫くは広西系に悩まされることなく、独立した発展の機会を得た。陳炯明にその政治的抱負を実践するための舞台が提供されたのである。

さらにいえば、陳炯明は孫文にも悩まされることなく、独自な政治哲学を実践しようとしたのである。

第二次広東軍政府を建設するため、二〇年八月に漳州を離れるまでの約一年半、陳炯明は自分の世界を展開した。それは明らかに並の軍人の世界ではなかった。先ず手を着けたのは軍隊の整頓である。五千の兵を率いて広東を出発した陳炯明であるが、その後に兵力を募集し、二万余に膨れあがった。国民党にとって唯一の軍隊であったから、孫文は許崇智や蔣介石などの軍人党員を派遣して、その充実を手助けした。陳炯明は援閩粤軍を二つの軍団に分け、自ら総司令兼第一軍軍長に就任し、第二軍軍長を許崇智とした。この充実した軍事力を背景に、陳炯明は「閩南護法区」に独立王国を築き上げたのである。

独立王国の期間はわずかであったが、教育の充実、旧弊の除去、無政府主義・マルクス主義の宣伝など目を見張る成果を上げた。ちょうど一九年の五四運動が盛り上がった時期であり、新文化運動→ロシア革命→五四運動→共産党誕生という近代中国の歴史的転換期にあたり、啓蒙思想によるデモクラシーの希求、ロシアからのマルクス主義伝来、反帝国主義のナショナリズム昂揚という様々な新思想潮流が渦巻いていたときである。

陳炯明は「国家の根本は国民にあり、国民の善し悪しは教育にある」という基本理念のもと、「一郷一校」をスローガンに、各地に中学校、小学校、職業学校、外国語学校、夜学などを次々と建設した。その教師確保ための師範学校教育に力を入れ、特に女子教育に精力を注いだ。またパリで留学生を受け入れていたアナキストの呉稚暉と連絡を取り、多くの留学生を送り込んだ。著名人を呼んで講演会を開催し、文化的メッカを目指した。アナキストとして有名な李石曾、呉稚暉、また広東都督であった胡漢民などを招聘し、新しい考えを吹き込んだ。自由、博愛の精神を伝える新聞、週刊誌を発行し、図書館を増設し、さらには様々なスポーツ大会を開催した。単なるかけ声倒れではなく、文化事業の充実は現実に大きな成果を上げた。

さらに陳独秀の新文化運動の精神を受け継ぎ、伝統的な旧弊の除去に力を注いだ。迷信的鬼神の信仰を禁じ、いかがわしい偶像崇拝となっている廟を破壊した。さらに女性を苦しめてきた纏足の習慣（小さな足のために縛り続ける）を禁止し、「大足の解放」を提唱した。活動がしにくい伝統的な中国服を脱ぎ捨てて、活動的なシャツ、ズボンの着用を勧めたりもした。いわば、肉体と精神の解放である。

一九年十二月、半週刊紙『閩星』（福建の星）、翌年元旦、『閩星日刊』を創刊した。その機関誌は、ロシア革命の影響を受けて、当時流行となったマルクス主義、ロシア十月革命、ボルシェビキ思想の紹介を精力的に続けた。それが陳炯明のもう一つの特徴である。北京で、陳独秀や李大釗が啓蒙雑誌『新青年』を発行してマルクス主義を宣伝し始めたことは有名であるが、片田舎に近い漳州で、北京に負けじとマルクス主義が権力の庇護のもとで宣伝されていたことは、特記されるべきであろう。後に陳炯明が広東省長になると、広東省教育委員長にマルクス主義者となった陳独秀を招聘したが、両陳を結んだ赤い糸は、いうまでもなくマルクス主義であった。

そのマルクス主義紹介と同時に、個性的な活動がアナキズムの紹介である。それは陳炯明の思想と深い関係がある。陳炯明は「閩星発刊詞」で次のように強調している。

現代世界では、国家主義は必要であり、放棄できない、といわれる。しかし、私はそうは思わない。国家というものは世界が進化する過渡期の組織にすぎない。将来はきっと必要なくなる。国家主義は政治的野心家が「欺世誣民」の手段に使うもので、人類社会の福音となるものではない。

クロポトキンの相互扶助論、バクーニンの集産主義、トルストイ、白樺派の武者小路実篤などの思想が積極的に紹介された。福建省のさほど知られていない一都市が、突然にマルクス主義、アナキズムのメッカとなったのである。二〇年一月の「閩星日刊宣言」では次のようにいう。

束縛を打破して自由となす。階級を打破して平等となす。競争を打破して互助となす。

漳州の公園の門に掲げられた看板の八文字の言葉が、その改革の精神、アナキズムを如実に物語っていた。

「博愛、自由、平等、互助」。

回りにはさぞかし怪奇に映ったことであろう。陳炯明はいったいどのように見られていたのか、前出『陳炯明的一生』がその反応をまとめている。

ソ連外交人民委員会「最も卓越した軍人、人民に愛されている確固とした共産主義者」

イギリス軍人「疑いない真の革新的人物」

国民党・戴季陶「社会主義の実験」

北京大学学生「漳州は閩南のロシア」

この特異な活動を積極的に支えたのが、孫文によって漳州に派遣された朱執信、廖仲愷、汪精衛、戴季陶、許崇智ら国民党幹部である。孫文にとっても、陳炯明は希望の星であった。ただ、その革新的姿勢は孫文の意にかなうものであったが、そのアナーキーな思想は、孫文と対極にあった。なぜなら、孫文は陳炯明が非難した国家主義者そのものであったからだ。孫文は何よりも中央集権的な強固な国家の建設を夢見ていた。孫文にとって陳炯明の軍事力は魅力的であったが、その政治思想は危険極まりなかった。保守的だからではなく、むしろ極左的であったからだ。

「聯省自治」運動の旗手

孫文と陳炯明の対立を決定的にしたのは、実は陳炯明の社会主義思想ではなく、その聯省自治の思想と実践であった。

陳炯明は孫文の要請を受けて、一九二〇年八月、手塩にかけた独立王国を放棄し、広東に攻め込んだ。三ヶ月の激戦を経て、十月末、やっと広州を広西軍閥の手から奪還した。「援閩粤軍」の「粤軍回粤」(広東軍の広東帰還)である。孫文が広西軍閥から追い出された広州を、陳炯明軍が取り戻したのである。そして、奪還した広東軍政府を孫文に献上した。広州に戻った孫文は十二月一日、広東護法軍政府の再建を宣言した。孫文は蔣介石への手紙で次のように陳炯明を賞賛している。

この度の陳炯明の広東帰還は実に全身の気力を振り絞った成果であり、党のため、国家のために尽くした。彼を助けるためには全力を惜しまない。徳と心を同じくするものである。

こうして孫文は恩ある陳炯明を広東省長兼広東軍総司令に任命した。同時に軍政府の役職としては陸軍総長を務めた。後、内務総長も兼任し、四役を兼ねた。役職上の権力を集中しただけでなく、そのとき、すでに陳炯明は民衆にとっても広東解放の英雄になっていた。広東帰還のスローガンは、広東人が長年願っていた「広東人が広東を治める」であり、約束通り広東を支配していた広西人を追い払った張本人であるから、まさに「広東の英雄」であった。当然ながら、「中国の英雄」になり損ねていた孫文と、「広東の英雄」になっていた陳炯明の間には激しい確執が発生することになる。

孫文にとって広東は仮の宿にすぎない。再び中央へ進出する足がかり以上ではなかった。しかし、広東に戻った陳炯明は漳州で進めた理想を広州でも実現しようとした。だから広東の建設、広東の民主化に全力を傾けた。孫文の眼は北京に向けられ、陳炯明の眼は広東に向けられていた。

確執は単なる権力争いではなかった。それは政治理念の争いであり、国家像をめぐる確執であった。具体的には、集権国家を建設すべきか、それとも分権国家を建設すべきかの争いであった。

二〇年、中国に聯省自治運動のうねりが逆巻いた。特に湖南、浙江、広東の各省で現実の動きとして顕在化した。では、聯省自治とは何か。一言でいえば、各省は省議会を中心に省憲法を制定し、省自治を実現すると同時に、中央は聯省憲法に基づく聯省議会、聯省政府を樹立する、ということである。州憲法と連邦憲法、州政府と連邦政府に分けられるアメリカ式連邦制国家の建設である。連邦政府（聯省政府）と地方自治政府（省政府）に分け、地方分権国家を建設しようという志向である。

これまでの中央集権国家樹立の努力は、結局のところ軍閥混乱を招き、いっこうに解決の兆しが見えなかった。先が見えない集権国家よりも、各地に権力を掌握する軍閥を中心に、省ごとに政治的民主化を実現し、先ずは地方自治を確立する方が、中国の民主化、近代化に貢献するのではないかという希望が存在していた。

湖南省では、後の国民党重鎮となる譚延闓が長沙を制覇し、聯省自治を唱えて湖南省の独立を宣言した。その譚延闓から権力を奪った趙恒惕が湖南省憲法を制定し、省長選挙を実施し、自らが省長に選ばれた。当時、湖南にいた若き毛沢東は、聯省自治構想よりもさらに過激な各省独立を叫んだ。中国は二十七の共和国に分かれるべきであると主張した。中国解体論である。もちろんその一つとして湖南共和国の建設を夢見た。毛沢東は二〇年十月、次のように述べている。

中国のことは統一すれば旨くいくというものではない。……つらつら原因を考えると、諸悪の根元は「中国」というこの二字にある。中国の統一にある。現在、唯一の救済法は解散すること、統一に反対すること、これ以外にない。

湖南、広東両省が兵力を動員して旧勢力を駆逐したのは革命だった。それぞれの革命政府は両省の「人民憲法会議」を召集、「湖南憲法」と「広東憲法」を制定、しかる後、憲法にてらして新湖南、新広東を建設する。

毛沢東が求めるような人民憲法会議は開催されることはなかったが、各地で省憲法の制定が画策され、多くの著名な学者が制定に動員された。こうした潮流の中、広東省では省政府の権力を掌握した陳炯明省長、省議会を中心に、広東省憲法が制定され、県長の選挙が実施された。それは「広東人が広東を治める」という理念にそうものであった。しかし大きな問題点は、同時に広州に樹立されていた孫文の軍政府あるいは大総統府の国家構想とは大きく異なっていたことである。孫文は地方分権的聯省自治構想を否定し、広東から北伐出師の北伐戦争を発動し、北京軍閥政府を打倒した中央集権国家の再建を夢見ていた。当時の若き毛沢東が諸悪の根元として非難する「中国の統一」であった。

陳炯明は広州に凱旋すると、次のように広東主義を濃厚に打ち出した。

今日以後、広東は広東人民が共有し、広東人民が共治し、広東人民が共享する。

「共有、共治、共享」はリンカーンの有名な「of the people, by the people, for the people」の中国語訳である。何よりも広東に理想政府を樹立することが陳炯明の希望であった。

そして二一年二月、聯省自治を求めて、統一志向の孫文を批判した。

中国は、君主政体あるいは武力専制であろうとも、統一を求めることは不可能と信じる。袁世凱は帝制の精神で共和国を統治しようとしたが、不可能であった。段祺瑞、張勲も皆その轍を踏んだ。孫逸仙博士も武力で中国を統一しようと欲したが、未だ成功していない。中国の平和を求めようとすれば、方法は一つしかない。すべての権限を人民に帰属させることである。

県知事その他の地方官、および省議会議員を等しく人民公選にすることである。広東で成功すれば、他省の人民も次々と真似、この運動は中国全土に広がる。一ないしは二つの省が参加すれば、先ず連合し、順次拡大し、最後に中国を一大聯省政府とする。

こうして二一年五月、陳炯明は「聯省自治運動」という政治綱領をまとめた。ポイントは二つ。地方主権と人民主権である。地方主権とは、省憲法をもった省政府が基礎であり、中央の聯省政府は軍事と対外宣戦、講和締結条約の権限に限定され、それ以外は省政府が掌握するというものである。省には省憲法・省議会・省政府があり、省官吏は省憲法の規約に則って決められ、中央は干渉できない。人民主権とは、省長、県知事（県長）の公選を始め、人民の直接選挙で政体を決定していくということである。当時、一三年の総選挙で国会議員が選出されていたが、その後はまともな選挙はなく、地方官はすべて任命であった。

陳炯明省長のもと、県長民選は一足先に実施された。これが広東の地方自治の先駆けであると陳炯明が強調したものである。二一年八月、県長選挙を実施した。実際は、各県が選挙で三名の候補者を選出し、その中から省長が一人の県長を任命するものである。最終的には全省で八十五名の省長が選出された。公選された三名の候補から一人を省長が選ぶとはいえ、すべてが陳炯明の息がかかった県長ではなかった。孫文派の古応芬や呉鉄城の息がかかった県長も選出された。初めての地方選挙であるから様々な混乱を生んだが、政治意識を高めるためには貢献した。一種の売名行為であると受け取られるが、その姿勢は広東人の共感を得ることに成功したといえよう。県長公選が済むと、次は広東省憲法の制定である。二一年六月、広東省議会は憲法起草委員を決め、草案を作成した。次いで憲法討論会が開かれ、草案が審議された。その討論会には、汪精衛、廖仲愷、伍朝枢、鄒魯、孫科、陳公博ら国民党の幹部が名を連ねていた。孫文の意向とは違っていたが、時の流れのもつエネルギーの大きさは計り知れないものがああり、孫文系の幹部も議論に参加せざるを得なかった。

十二月十九日、省議会は「広東省憲法草案」を可決した。そして公民全体投票を経て正式に決定されるものであった。ただ、北伐による統一中国を希求する孫文と調整がつかないまま、陳炯明のクーデターという政治動乱に巻き込まれ、正式には日の目を見なかった。

「広東省憲法草案」は「広東省は中華民国の自治省である」と宣言している。

伝統的に中国は統一国家でなければならないという「大一統」の考えが濃厚である中国では、連邦制のような分権的権力構想は、大中国を分裂に招くと、評判が悪い。陳炯明に招かれた陳独秀ですら、聯省自治構想には批判的であった。軍閥による「分省割拠」にすぎないと冷たい反応であった。

共産党は、チベットやモンゴル、新疆ウイグルなどの少数民族地域との連邦制には積極的であったが、各省がバラバラになる省単位の連邦制には反対した。各省が独立した共和国を建設すべきであると強調した毛沢東も、マルクス主義者になると、その理想を引っ込めた。自立した国民国家、統一国家の建設を優先したのである。

聯省自治運動は、軍閥混戦でいっこうに統一中国が誕生しない中央政局にたいする痛烈な代替案であり、その軍閥混戦の片棒をかつぐ孫文的戦略にたいするカウンターパンチでもあった。それは地方主権、人民主権であったが、皮肉にも当時の政治情勢からいえば、下からの民主化では不可能であった。それほど人民は聯省自治を支える主体性を確立していなかったからである。結局、陳炯明のような開明的権力者が上から推進する以外になかった。それは理想的な実験にすぎなく、現実は軍閥混戦に踏みにじられてしまった。特に、国民党が天下を掌握すると、国民党独裁による統一中国が何よりも優先され、地方主権、人民主権の理念は、むしろ反動的なものとして葬りさられた。共産党の天下でもまったく同じ運命をたどった。

共産主義者は陳炯明を高く評価

広東では陳炯明は孫文よりも人気があった。共産主義者にそのように映った。一九二二年一月、香港で本格的な海員ストライキが勃発し、五十日を越える長期闘争となった。それはイギリス資本と中国人労働者の労働争議であった。ストに突入した海員は離船して職場放棄し、続々と香港から広州へ向かった。そのストライキ海員を暖かく迎え入れ、宿舎を用意し、香港との交渉を支えたのが陳炯明省長だった。イギリス当局との交渉にも陳炯明が積極的に乗り出した。この結局、海員ストは勝利に終わったが、その功績は陳炯明にある。当時、孫文は北伐戦争の準備で桂林に大本営を開設し、広州には不在であったということもあり、陳炯明が人気者となった。ストライキ勝利大会では、海員労働者が「省長万歳！」「総司令万歳！」を叫んで行進し、陳炯明の前で一斉に鞠躬礼を行ったほどである。

この感動的な情景を見ていたコミンテルン派遣のマーリンは、陳炯明を通して、国民党の革命性に共感した。マーリンは陳炯明との会見を次のように記している。

陳炯明は一党独裁には興味を感じていない。彼と三度ほど長時間にわたって話し合った。彼も社会主義者であると自称した。福建省の革命軍隊の将校であったとき、彼は完全にロシア革命の側に立った。ロシアの発展が逆に彼を右傾化させた。彼は次のように認識していた。三千万の広東省民を擁護するためには、経済上は国家資本主義を実行することで、自由資本主義を抑制でき、政治上は地方で最大の自主的民主的政府を実行できる。また中国の統一は不可能で、国民党の綱領は十分ではない。必ず新たな社会主義政党を建立しなければならない。事実、共産主義者が主筆となっている新聞に資金援助し、ストライキでは労働者を援助した。彼は代表をロシアに派遣しようとしているし、コミンテルンが広州に機関を設立することには反対していない。またロシアの軍事顧問団と一緒に軍隊を改組することを希望している。この度の会談中、彼は孫文にたいして強烈な否定的態度をとった。

二一年七月、上海で中国共産党が創立大会を開いた。そこで創設者・陳独秀が代表に選ばれた。その後、陳独秀は総書記として中国革命を指揮することになるが、実は創立大会には参加していない。このとき、陳独秀は陳炯明に招聘されて、広州で広東省教育委員長として活動していたからである。陳独秀は新文化運動を起こした知識人として高く評価され、北京大学の文学院長に抜擢された。北京大学の改革に辣腕を振るったが、儒教思想をはじめとする伝統文化の破壊を強調したので、反発も多かった。五四運動で民主化を求め、ビラを配布した罪で逮捕された。北京大学を辞して上海で『新青年』を続けると同時に、共産党結成の準備を進めていたのだ。この波瀾万丈の危険人物を陳炯明は広東に招き、その活動を支援した。

この結果、広東に多くの共産主義者を生み、広州は上海、北京に次ぐ共産党の拠点となった。上海の陳独秀、北京の李大釗に次いで広州の譚平山が有名である。その後、共産党は陳炯明を激しく糾弾するようになるが、先に見たようにソ連、コミンテルンも陳炯明を高く評価してきたし、陳独秀を通して、陳炯明は共産党の庇護者でもあった。漳州でマルクス主義、アナキズムを宣伝した精神は、広州でも発揮されていた。地方主権、人民主権の強調も、その延長である。

第五章　陳炯明の叛乱に挑む永豊艦

護法艦隊を武力奪艦

広東護法軍政府の樹立に大きく貢献をした程璧光海軍総長が一九一八年二月二十六日、海軍本部の広州海珠で暗殺された。護法艦隊は指導者を失ったが、ナンバー2の海軍総司令・林葆懌が海軍総長として混乱なく受け継いだ。孫文が広州を去った後は、林葆懌は七総裁の一人として広西軍閥系の広東政府を支えた。

陳炯明が二〇年十一月、再び広東を奪還すると、孫文に敵対した林葆懌は総裁職を辞して広州を去らざるを得なかった。陳炯明はとりあえず海圻の艦長・林永謨を海軍司令として護法艦隊を接収した。広州に戻った孫文は、湯廷光を海軍総長、林永謨を海軍総司令に任命し、海軍の整備に手を着けた。陳炯明は広東軍総司令で軍事的な実力者であったが、海軍は陳炯明から完全に独立していた。政府職では陳炯明は陸軍総長であり、海軍総長は湯廷光であり、海軍は広東政府に属していたのであって、広東軍に属していたわけではない。

護法艦隊は基本的に広東政府所属艦隊であったが、その将校・兵士の構成は複雑であった。福建派、広東派、その他に分かれ、激しく権力争いを繰り返していた。特に福建出身兵士は海軍の本流を自認していた。李鴻章の清国艦隊時代から、福建は海軍の拠点であったからだ。福建出身の兵士は、必ずしも南方の護法運動に共感していたわけでない。総司令官、艦長クラスを広東派が占めることがあり、艦隊そのものは南方政府に所属していたが、兵士の中には帰属意識が曖昧であった。当然、北方政府から様々な勧誘が続いていた。程璧光が北方政府を裏切って南方政府の樹立に協力したように、いつまた海軍が南方政府を裏切るかもしれなかった。

二二年四月、孫文は大胆にも護法艦隊の「奪艦事件」を起こした。孫文派による艦隊の指導権奪還作戦である。それは福建出身の艦兵を駆逐する孫文クーデターであった。

広州は中国有数の港湾都市である。地図を見れば分かるように、大陸から流れる出る珠江の河口に位置する。基本的には長江支流の黄浦江に開ける上海港と同じく、大型河川・珠江に開けた港湾都市である。当時、海圻、海琛、肇和の三大巡洋艦は広州郊外で珠江下流にある黄埔港に停泊していた。黄埔港は軍港で、長洲要塞（砲台）が守っていた。後、孫文が黄埔軍校を設立し、蔣介石が校長として党軍の国民革命軍幹部を育成した所として有名である。永豊、永翔など砲艦は広州中心地の租界・沙面前の白鵝潭に停泊していた。

四月二十六日、孫文は福建系を除く艦隊士官、および砲台司令、飛行隊司令を集め、奪艦作

奪艦に成功した肇和

戦を練った。魚雷局局長・温樹徳を臨時総指揮、長洲要塞司令・陳策を副総指揮とし、肇和副艦長・田士捷、艦隊参謀長・呉志馨らが突撃決死隊を組織した。作戦計画は次の通りである。先ず、長洲砲台が黄埔に浮かぶ海圻、海琛、肇和を監視し、砲台から威嚇する。その援護のもと、温樹徳が決死隊を海圻など三艦に突撃させ、指揮権を奪還する。また陳策の江防艦隊が白鵝潭に浮かぶ永豊などに突撃する。その河上作戦と同時に、広州衛戍司令・魏邦平が広州市内の海軍士官宅を捜索し、福建系士官を逮捕する。こうした武力奪艦作戦であった。

翌日正午、総攻撃が始まった。突撃決死隊は小舟に乗って軍艦を包囲、上船したのである。まるで海賊が船を奪うようなやり方である。当日は海軍兵士の休暇日で、多くの海兵は下船していた。もちろんそのタイミングを狙った作戦である。黄埔方面では、海圻、肇和両艦は比較的簡単に占領できたが、福建派の総本山ともいうべき海琛は激しい抵抗を見せた。この結果、砲撃戦となった。計画通り長洲砲台からも抵抗する海琛へ威嚇砲撃し、航空局長・朱卓文は飛行機を出動させ、海琛へ空から爆弾を投下した。まるで戦争である。午後五時になって、やっと海琛は白旗を掲げた。

白鵝潭方面では、作戦は比較的順調に進み、戦闘は黄埔ほど激しくはなかった。戦闘開始後まもなく永豊、永翔が突撃隊に占領され、楚豫、豫章は白旗を掲げた。こうして戦闘は五時間近くで終戦を見た。見事な奇襲攻撃で護法艦隊十一隻すべてを奪艦することに成功した。

この戦闘で永豊艦航海副長が抵抗して死去し、福建系海兵は二十数名が戦死、負傷者三十余名。攻め込んだ側も死者三名、負傷者五名。奪艦作戦は圧勝である。広州衛戍司令・魏邦平は次の通り布告した。

黄埔、白鵝潭に停泊する海軍各艦は、最近北側に通じている嫌疑があったため、大総統はその責任を問い、抵抗を破って接収した。

この奪艦作戦は、福建派追放を目的とした海軍内の権力闘争の観があったが、反対者のすべては北に通じた裏切り者としてのレッテルが貼られることになる。まさに「勝てば官軍、負ければ賊軍」であった。このクーデターまがいの成功により、福建系兵士千名余を香港、福州に追放した。孫文としては、してやったりの海軍クーデターであったが、皮肉にも二ヶ月も経たない後に、孫文自身が逆に陳炯明のクーデターに遭遇する羽目となった。

大胆な奪艦作戦の成功で広東派中心の海軍改組が実施され、孫文が海軍に影響力を持つことができるようになった。温樹徳はその功績で海軍艦隊司令兼海圻艦長に出世し、陳策も海防司令に昇格した。永豊艦長には新たに馮肇憲が任命された。数えて五代目の艦長である。

海軍が南下し、護法艦隊を形成したとき、永豊艦長は三代目の魏子浩であった。魏子浩は永豊艦を率いて広東護法軍政府に合流した。福建出身の海軍少将で、護法艦隊の福建系軍人の中心的人物であった。その後、海圻艦長になったが、北方政府と通じた嫌疑で逮捕された。

二〇年五月、四代目艦長に就任した毛仲芳も福建出身である。護法艦隊参謀長も兼任した。当時、永豊艦は福建派の牙城であった。奪艦作戦のとき、永豊艦から離れていた毛仲芳艦長は広州市内で広州衛戍司令・魏邦平に逮捕された。

主導権を握った孫文が五代目艦長として任命したのが、福建出身者に代わって広東番禺出身の馮肇憲であった。一三年に広東黄埔水師学堂を卒業したが、海軍将校としての実績は乏しかった。ただ孫文の息子である孫科と行動を同じくし、その信任が厚かった。陳策の永豊艦奪還作戦に功績を見せ、そのまま永豊艦長に任命された。優秀な軍人というよりも、孫文への忠誠心の大きさから任命されたにすぎない。しかし、その忠誠心を買った抜擢人事は、孫文の命を救うことになる。直後に発生した陳炯明のクーデターで、永豊艦に逃げ込んだ孫文を五十四日間にわたって守ったのは、馮肇憲の豊かな忠誠心であったからだ。

馮肇憲の忠誠心もさることながら、孫文がこの大胆な奪艦事件を成功させていたから、陳炯明の叛乱に対抗するため、海軍の協力を得る基盤ができたのである。もし護法艦隊がそのまま福建系将校に牛耳られていたら、陳炯明の叛乱で窮地に追い込まれた孫文の命運も変わっていたかもしれない。

孫文が北伐出師に固執

孫文の悲願は、再び中華民国大総統に復帰することである。しかしながら、それは議会制民主主義の復活ではない。北京の軍閥政権を北伐戦争で打倒し、民衆を苦しめる軍閥政治を打破して、南京に国民党独裁による「訓政」を実現することであった。訓政とは、孫文が編み出した「三序」構想である「軍政→訓政→憲政」の第二段階にあたる。憲政段階では議会制民主主義を採用するが、その前段階の訓政段階では、中央政府は国民党の一党独裁であり、国民選挙による国会は存在しない。革命党と革命軍が全国を統一するのであり、国民に選挙された政党が支配するわけではない。孫文はそれほど人民の政治能力を信じていなかったからである。地方主権、人民主権の対極にあり、中央主権、党主権であり、それを「以党治国」と呼んだ。一党による国家の統治の意味である。民治ではなく党治である。

この夢を実現するためには、長く広東に留まってはいけない。できる限り早く、革命軍を南方の広東から出発させ、北に向かって北伐戦争を開始し、周辺の軍閥軍を蹴散らし、北京に攻め込まなければならない。それを「北伐出師」という。とはいえ、そう簡単に強力な軍隊を組織できないから、他の軍閥と連絡を取りながら、軍閥同士の対立を利用しなければならない。軍閥間戦争が勃発するタイミングをはからなければならない。軍閥を打倒しようといいながら、軍閥と提携することは矛盾であるが、軍事力が弱い間は、それはやむを得ない選択であった。

一九二一年十二月、孫文は支配した広西省桂林に北伐のための大本営を設置した。李烈鈞を参謀長として北伐出師を命令した。しかしもともと孫文の最大・最強の部隊は陳炯明軍である。広東軍総司令・陳炯明の出陣は何が何でも必要であった。しかし、広東省の自治建設に情熱を燃やす広東省長・陳炯明は、広東を離れることを拒否した。孫文は直接陳炯明に会ってみずから出師を要請したり、使者を向けて懇願した。しかし陳炯明は戦費が不足しているとか、北伐の時期が尚早とか、様々な理由を付けて要請に応じなかった。陳炯明の思想からいっても、広東を離れることはできなかった。しかし孫文は北伐をしつこく要請してきた。陳炯明といえども板挟みにあって苦慮した。

陳炯明が軍事的には広東軍総司令、陸軍総長、政治的には広東省長、内務総長の四職兼任ができ、巨大な影響力を発揮できているのも、その権力の正統性を孫文の広東政府から得ていたからである。孫文の権威を無視しては、陳炯明の権威も充分に発揮できない恐れがある。残念ながら、陳炯明はあくまで広東の英雄にとどまっており、中国の英雄になり損ねたといえども、孫文の名声に敵わなかった。また地方主権、人民主権の理想を実現するには、革命政党としての国民党の権威と後ろ盾は必要であった。だから孫文の要請を無視することに忸怩たるところがあった。遂に、陳炯明は孫文の要請を拒否するため、各種の職の返上を申し入れた。しかしそこには孫文が陳炯明の力を必要とし、簡単には解任できないという読みがあった。陳炯明は広州から恵州に戻って、推移を眺めることとした。

その駆け引きの中で、孫文は二二年四月、陳炯明から内務総長、広東省長、広東軍総司令のポストを奪い、陸軍総長職だけにとどめた。さらに陸軍、海軍の統括権を元帥の直接指揮とした。陳炯明の権力の源であった広東軍総司令部を廃止しようとしたのである。また代理広東省長に伍廷芳を当てた。そして改めて陳炯明を北伐軍第一軍総司令とした。当然、この措置に陳炯明は不満であった。広東軍は自分が大切に育ててきた軍隊である。広東軍総司令部の廃止に陳炯明は激怒した。恵州にいた陳炯明は配下の葉挙ら陳炯明部隊を広州に呼び戻し、白雲山鄭仙洞に総司令部を設置した。葉挙らは陳炯明の旧職への復帰を要請した。そして広東軍を指揮する許崇智（孫文派）の軍長職を解任し、広東軍すべてを陳炯明の指揮に戻すよう要求した。孫文派と陳炯明派の全面対立である。

孫文は六月一日、広州に戻り、陳炯明が広東軍総司令に復帰する要求を拒否し、代わりに孫文・陳炯明の直接会談を求めた。この緊張した情勢のもと、北京が大きく動いた。直隷派軍閥（曹錕、呉佩孚）と奉天派軍閥（張作霖）の直奉戦争が直隷派軍閥の勝利に終わった。その結果、奉天派が担いでいた徐世昌総統が退位し、六月十一日、代わりに黎元洪が総統に就任した。黎元洪総統は旧国会の復活を決めた。

これで陳炯明は、旧国会非常会議が選出した孫文の「非常大総統」の正統性が無くなったと見なした。旧国会が復活するのであれば、旧国会非常会議はその存在意義がなくなるからだ。北の北京政府で徐世昌が下野するのであれば、同時に南の広東政府で孫文も下野すべきである、と主張するようになった。孫文下野の口実が生まれたのだ。

六月十六日未明、陳炯明軍は広州の総統府および孫文の住居であった粤秀楼（あるいは越秀楼）の砲撃を開始した。陳炯明のクーデターである。葉挙部隊は市内に張り紙で布告した。

旧国会が回復した。ここに護法は終焉を告げた。広東軍将校兵士は一致して孫文の下野を要請する。

陳炯明はそれまで孫文の権威を必要としていた。しかし孫文の執拗な北伐要請に苦慮していた陳炯明は、新たに台頭した直隷派軍閥の重鎮である呉佩孚と提携する道を選択した。洛陽を中心に、中原を支配していた呉佩孚は一時期、民族的性格が強烈な将軍として、コミンテルンも提携を真剣に模索していたほどの人物である。陳炯明は呉佩孚との提携で、孫文を見限ることができたのである。しかし、結果として、その選択は聯省自治を要求する陳炯明の正統性を大きく損なうものとなった。呉佩孚は、あくまで武力統一を求めており、その点では孫文と変わらなかった。呉佩孚は陳炯明の広東経営に干渉しないとしても、革命性において、呉佩孚は孫文に敵わなかった。陳炯明にとって、革命性は欠かすことができない以上、孫文との決裂は、陳炯明の名声を大きく傷つけるものとなった。

そのことを考えれば、陳炯明の叛乱は、かなり苦渋の選択であったに違いない。

武装叛乱と永豊艦での闘争

初期から一貫して「狼の野心」を抱いてきた陳炯明であるとして、徹頭徹尾非難する李睡仙「陳炯明叛国史」によれば、陳炯明は孫文の下野を求めたのではなく、その殺害を狙った叛乱であるという。それにしては、このクーデター計画はずさんであった。早くから計画が漏れすぎていた。陳炯明の広東軍は二五、〇〇〇兵の部隊を結集して叛乱を企てたといわれる。観音山にある総統府、粤秀楼の攻撃は、六月十六日未明に始まったが、前日夜には広東海防司令・陳策をはじめ、次々と叛乱の可能性についての電話連絡があり、孫文に退避を要請した。孫文はそれに応えなかったが、未明になると粤秀楼周辺で兵士の移動が騒がしくなり、さすがに身の危険を感じて脱出することとなった。

夫人の宋慶齢は一緒に逃げるように要請されたが、迷惑をかけてはいけないと、別々に逃れることとなった。孫文は夏服の長い中国服を羽織り、黒いサングラスをかけ、帽子をかぶって変装した。目的は医師に化けることである。孫文は英語で表現すれば、一般的には Dr. Sun Yat-sen（孫逸仙博士）である。すなわち、もともとは香港で資格を取った医者であった。だから変装は似合っていたのかもしれない。秘書の林直勉らと観音山を下って逃げた。途中、叛乱軍の歩哨に呼び止められ、詰問されたという。「母親が重病となって、医者をお連れしているのだ」と答えた。歩哨は孫文をジロリと見たが、本物の医者と見なして、難を逃れた。そのまま天山埠頭に駆け込み、そこに停泊していた宝璧艦に乗船した。これがスリリングな脱出劇である。孫文は辛亥革命以前の清王朝末期、十度の革命蜂起を実行したが、戦場で指揮したことは少なく、生死の狭間をさまよった経験はない。命からがら逃げたという経験は、このときが初めてである。

逃げ込んだ先は説が分かれている。最初は河岸にある海珠の海軍司令部であり、その後に小型ボートで白鵝潭の楚豫艦に乗船した、という説もある。

孫文は一九二二年九月の「海外同志への書簡」で、次のように記している。

事件の二時間前、林直勉、林拯民から報告を受け、叛乱軍の検問のなか、間道を抜けて総統府を脱出し、海珠に至った。軍艦に登ると、すでに総統府は包囲され、歩銃と機関銃が撃ち合うなか、黒煙が立ち上った。越秀楼は大砲で破壊され、警備兵は死傷し、総統府はついに灰と化した。洪兆麟の二師が攻撃したが、指揮者は葉挙で、首謀者は陳炯明である。

総統府を攻撃した部隊は湖南籍の洪兆麟部隊であった。陳炯明は孫文殺害の責任を湖南兵に転嫁する予定であったともいわれる。この戦闘で孫文の個人的蔵書等がほとんど灰と消えた。有名な「三民主義」の準備原稿も燃え尽きたと、孫文は語っている。

陳炯明の叛乱で観音山が砲撃され、数年来にわたって心血を注いできた各種の草稿、参考した洋書数百種がことごとく焼き払われた。まことに痛恨の極みである。

北洋軍閥や西南軍閥の叛乱ではなく、軍事的には頼り切っていた身内の叛乱だけに、孫文は大きなショックを受けた。陳炯明と距離を置く海軍は、奪艦事件で孫文と深い関係を結んでいた。孫文は頼みの綱である海軍に身を寄せ、徹底抗戦を決めた。その抗戦を続けておれば、いずれ配下の北伐軍が広州に戻り、叛逆者・陳炯明を駆逐してくれるはずであった。

海軍に逃げ込んだとき、孫文の争奪戦があったという。宝璧艦は小型すぎるため、温樹徳は自分の永翔艦へ移るように要請し、孫文は十七日朝に永翔艦へ移動した。ところが温樹徳の態度はどちらに付くのか不鮮明と心配した永豊艦長の馮肇憲が永翔艦に乗り込んで、永豊艦へ移るように懇願した。「永豊艦の官兵すべてが憤怒してやまない。直ぐに叛乱軍へ砲撃できる準備が整っている。総統、ただちに攻撃命令をくだして欲しい」と馮肇憲艦長が迫った。孫文は「時機尚早だ。艦船と地上の友軍と一致した行動が必要である。単独行動は不可能だ」と答え、血気盛んな意見を抑えたという。しかし馮肇憲艦長の情熱にほだされた孫文は永豊艦に乗り移った。

孫文は黄埔にある魚雷局に大本営を設置し、永豊艦は黄埔に停泊して長洲要塞に守られながら、叛乱鎮圧作戦を指揮することとなった。こうして永豊艦は孫文の指揮艦となったのである。十七日午後、孫文は永豊、永翔、楚豫、豫章、同安など八隻を率いて黄埔から広州に入り大沙頭、白雲山、沙河、観音山、五層楼などの陳炯明軍に艦砲射撃を行った。しかし河上からの砲撃だけで陳炯明を打倒することはできなかった。永豊艦で指揮を執る孫文にすべての海軍が行動を同じにしたわけではない。孫文は次のように回想している。

虎門要塞は叛乱軍の手に陥落し、ただ長洲要塞司令・馬伯麟が守ってくれるだけであった。艦隊と相い携え、海軍陸戦隊と新たな民軍が協力し、数は少なかったが叛乱軍の兵力を抑えることができていた。

艦隊の一部将兵は（叛乱軍からの）動きを受け、海圻、海琛、肇和の三大艦艇を戦線から離れさせた。長洲要塞は孤立して敵の攻撃を受け、遂に守りきれなかった。私は余りの艦船を率いて広州の珠江へ進んだが、途中で砲撃を受け、将兵は死傷し、永豊艦も被弾して大きな穴を開けられた。

すなわち海軍総長・湯廷光と海軍艦隊司令・温樹徳が孫文の下野を要求したのである。いわば孫文への裏切りである。そして七月八日、温樹徳は海圻、海琛、肇和の大型巡洋艦を黄埔から離れさせた。陳炯明から二十六万元の賄賂を提供された温樹徳の決断であったといわれる。温樹徳が陳炯明と合流し、大型巡洋艦が小型砲艦を砲撃するという悲劇はなかったが、強力な巡洋艦は孫文の戦列からは離れた。海軍は広東軍から独立し、陳炯明も海軍をなかなか掌握できなかったが、同じように「非常大総統」孫文も海軍を完全には味方にすることはできなかった。それは軍事的な影響力の弱い孫文の限界であった。言い換えれば孫文には絶対的権威がなかったのである。だから孫文に残された艦隊は永豊、楚豫、豫章、宝璧など小型砲艦だけとなった。形勢はきわめて不利である。

巡洋艦の援護が無くなった長洲要塞は裸同然となり、陳炯明軍の攻撃で陥落し、永豊艦は黄埔に停泊することが危険となった。黄埔を脱出しなければならなくなり、永豊、楚豫、豫章が広州白鵝潭に向かった。しかし途中には狭い航路をにらむ砲台が各所に設けられ、激しい砲撃を受けた。永豊艦は六発の砲弾を受け、五人が戦死した。三隻が砲弾の嵐の中をくぐり抜けて白鵝潭に到着したときには満身創痍であった。この砲撃の嵐のなか、孫文は甲板に立ちつくし、船室には避難しなかったという。

この七月十日から一ヶ月間、永豊艦は広州中心部の白鵝潭に停泊した。白鵝潭は広州の租界である沙面に臨んだ珠江の一部で、そこには各国の外国軍艦が停泊しており、陳炯明も手が出しにくい一種の安全区であった。膠着状態となったが、陳炯明は永豊艦への魚雷攻撃を計画し、海圻艦の温樹徳からも圧力がかかった。江西戦線で戦っていた肝心の北伐軍が広州に戻る可能性はなくなっていた。陳炯明軍が恵州で防衛戦をはっていたからである。まさしく珠江に浮かぶ永豊艦は四面楚歌の状態となった。遂に力尽きて八月九日、孫文はイギリス砲艦に乗艦し、広州を離れて香港に向かい、さらにロシア船で上海に向かった。こうして六月十七日から五十四日にのぼる永豊艦での戦いが終結をみた。

忠臣・蔣介石が永豊艦に駆けつける

二ヶ月近くの艦上闘争は、多くの波紋を生んだ。六月二十九日、蔣介石が上海から広州へ駆けつけ、永豊艦に乗込んだ。その後、孫文の側にぴたっと付き添い、永豊艦での戦いを指揮し、孫文の絶大な信頼を勝ち取った。それまで蔣介石は決して孫文の側近であるとはいえなかったが、この命を顧みない忠誠的行為が蔣介石の評価を絶対的なものとした。蔣介石が政治的に台頭する契機となり、決定的な政治財産となった。

蔣介石は早くから陳炯明に批判的だった。孫文が北伐出師の準備で桂林に大本営を設置すると、蔣介石は北伐軍第二軍参謀長として孫文に従った。しかし陳炯明が北伐要請に応えなかったことで、蔣介石は北伐を中止して広州へ戻り、先に陳炯明を討伐するように主張した。一九二一年三月五日の孫文への書簡で蔣介石は次のように陳炯明を批判している。

危急存亡の時に勇敢に命を投げ出し、党を尊び敵を取り除くことを望むのであれば、この人（陳炯明）ではない。

しかし陳炯明の処分問題で孫文に意見が受け入れられず、蔣介石は故郷の奉化へ戻った。蔣介石はその意味で孫文にも楯突く頑固者であった。このとき、妻として行動をともにしていた陳潔如の回想録は次のように述べている。

孫先生が相変わらず陳炯明を称賛するのを聞いて、介石は怒っていた。あるとき、介石は憤慨して戻ってくるや、私にこういった。「陳炯明は、いつか必ずわれわれの領袖に叛逆する。しかし、孫先生は私の警告に耳を傾けてくれないのだ」。

ところが蔣介石が危惧したように、陳炯明の叛乱が現実のものとなった。孫文は蔣介石に援助を求めて、電報をはなった。

緊急事態が発生、直ぐに来れ。

電報の宛先は「蔣緯国」であった。蔣介石の息子の名前である。秘密裏の電報であることを意味している。すでに汪精衛から連絡があり、その意味は理解できた。自分の危惧が当たった蔣介石は待ってましたとばかり、陳潔如を連れて香港経由で広州へ向かった。

蔣君は一人でここに来たが、二万の援軍を得たようだ。

孫文の喜びはひとしおであった。孫文は蔣介石の軍事的手腕を高く評価していたからである。蔣介石の登場には陳烔明もびっくりした。汪精衛は蔣介石への手紙で次のように述べている。

陳烔明は兄（蔣介石）が来たことを聞いて顔面蒼白となっていった。「彼は孫文の傍らで、必ず多くの悪巧みを弄するにちがいない」。

孫文は、後に蔣介石がまとめた『孫大総統広州蒙難記』の序で次のように蔣介石を絶賛している。

陳烔明叛逆の変では、蔣介石が困難をおして広州へやってきた。乗艦して日々私の側におり、多くの策を弄し、私と海軍将士と生死を共にした。

蔣介石は期待通り誠心誠意、孫文に尽くした。指揮官でありながら、一般兵士と同じように自ら甲板掃除に精を出し、夜陰に紛れて上陸し、孫文の身の回りの物を購入したという。この献身的忠誠心に孫文が感動しないわけはない。その後、蔣介石は孫文の側近として重宝された。

翌年、孫文が陳炯明を駆逐して広州に入り、第三次広東軍政府を再建すると、大本営参謀長、大本営行営参謀長などに任命された。こうした抜擢に周辺の妬みは大きく、蔣介石は就任を辞退せざるを得なかったほどである。

二三年八月、蔣介石はソ連視察団「孫逸仙博士代表団」の代表としてソ連を訪問した。コミンテルン、ソ連、中国共産党と提携した孫文が、革命軍を創設するための軍官学校を開設する計画を立てた。その準備で、ソ連赤軍に学ぶためソ連へ視察団を派遣したのである。そこで蔣介石はソ連赤軍の創設者であるトロツキーなどに会い、革命軍の必要性を教えられた。十二月、上海に戻った蔣介石は自信を深め、軍人としての出世街道を駆け上った。

二四年一月、因縁深い広州黄埔に陸軍軍官学校（黄埔軍校）が設立された。国民党の党軍を設立するためである。そこでは、孫文の「三民主義」やマルクス主義による革命精神が教育された。それまでの軍閥的軍隊から脱却し、革命軍を創設するためである。そこから中国統一を実現する国民革命軍が育った。五月、ソ連帰りの蔣介石が校長として就任し、多くの軍人を輩出した。それが後の蔣介石の政治的、軍事的台頭を支えることとなった。こうした台頭の原点が永豊艦での戦いであった。だから蔣介石にとっても、永豊艦は記念すべき特別の砲艦であった。

変る共産党の陳炯明評価

中国共産党は一九二一年七月に誕生し、一年後に陳炯明の叛乱に遭遇した。創立期、指導者の陳独秀は陳炯明省長のもとで広東省教育委員長をしており、共産党の拡大に陳炯明は協力的であった。いわば陳独秀と陳炯明の蜜月時代であった。ところが、この叛乱を契機に、共産党は反陳炯明に転換した。コミンテルンは叛乱に戸惑った。判断をしかねたのである。八月二十二日、北京にいたソ連代表のヨッフェは孫文に次のような手紙を出している。

あなたと陳炯明の意見の相違がハッキリしない。北京から、それとも広州から全国統一を実現するという点で意見が食い違うだけなのか。それならば流血戦争するほどではない。そのことを知りたい。

しかし中国共産党はハッキリと陳炯明非難に転じた。九月、共産党の蔡和森は「広東の陳炯明は広東の王となろうとするが故に北伐に反対して聯省自治を主張した」と糾弾し、十月には「陳炯明がすでに国際帝国主義のスパイとなっている」と決め付けた。

陳独秀は九月に「聯省自治と中国の政治情勢」を発表し、聯省自治を唱える胡適に反論する形式で聯省自治論を批判している。

武人による割拠が中国の政治情勢を混乱に落とし込んでいる根源である。武人による割拠の欲望を満たすために聯省論が生まれた。聯省自治の看板で「分省割拠」「聯督割拠」を実行しているにすぎない。

翌年一月、陳独秀は「革命と反革命」で陳炯明の転向を非難した。

陳炯明は辛亥革命時代、漳州時代、陸栄廷・莫栄新討伐時代、すべて立派な革命党であった。後に北伐軍を阻止し、孫中山を駆逐するようになり、それらは反革命行為である。

陳独秀の基本的な認識は、革命軍による軍閥一掃の中国統一が望ましい姿であり、そのプログラムに反対するすべての行為は反革命である。共産党創立当初は、その革命軍は孫文の国民党ではなかった。軍閥との提携を模索する孫文には批判的で、共産党を中心とした新しい革命勢力の創出を希求したが、コミンテルンが孫文との提携を命令したので、武力統一を進める孫文に逆らう勢力は反革命ということになった。

二三年一月二十六日、有名な「孫文・ヨッフェ共同宣言」が発せられ、広東の拠点を失った孫文は新しい同盟者としてコミンテルン・ソ連を選択し、コミンテルンも中国共産党に国民党支援を強要することとなった。陳炯明も孫文との提携から反孫文へ「転向」したが、共産党も非孫文から親孫文へ「転向」したのである。この「転向」が中国の革命情勢を大きく変えることとなった。いわゆる国共合作時代への突入である。

第六章　国共合作と国民革命軍の建軍

客軍の軍事力で第三次広東軍政府を建設

陳炯明の叛乱で上海に逃げた孫文は、みたび広州への復帰を画策した。相変わらず、軍隊を動員して広州に攻め込み、君臨する陳炯明を駆逐しようとした。ところが孫文・国民党に最も近い軍隊は、陳炯明軍から離脱した許崇智が指揮する広東軍しかなかった。しかし北伐のため福建省に駐屯していた。そこで孫文は広西省に駐屯していた雲南軍の楊希閔と広西軍の劉震寰に軍資金（雲南軍に十八万元、広西軍に三万元）を与え、「討陳の役」に動員することとなった。いわば雇われ軍閥による陳炯明追討戦争の開始である。一九二二年十二月、上海にいた孫文は楊希閔を雲南軍総司令、劉震寰を広西軍総司令に任命し、広州攻撃を命令した。もちろん福建にいた許崇智を広東軍総司令とし、広州へ戻るように求めた。二三年一月、楊希閔、劉震寰の両軍が相次いで広州へ進軍し、陳炯明を恵州へ追いやった。直ちに陳炯明が広東省全体から駆逐されたわけではないが、省都・広州における陳炯明の天下は半年にしかすぎなかった。折角、孫文を上海へ追いやったわりには意外と脆かった。

孫文は二月、上海から解放された広州へ戻り、大元帥府を開府して第三次広東軍政府をスタートさせた。まさに三度目の正直であるが、この軍政府は二五年三月に孫文が北京で客死するまで続き、その後は国民党の国民政府の拠点として広東は革命根拠地となった。

孫文は陸海軍大元帥として広州へ戻ったが、広州の軍隊を完全に統括していたわけではない。というのは、陳炯明軍を駆逐した楊希閔、劉震寰の雲南、広西両軍は金で雇った軍隊であり、革命軍とはほど遠かった。また譚延闓が率いる湖南軍も広州に入り、遅れて帰還した許崇智の広東軍も加えて、広州には雲南軍、広西軍、湖南軍、広東軍などが混在していた。広東軍を除く別の省からきた軍隊を客軍という。客軍が広州を跋扈し、自分の軍隊を維持するため、勝手に広州の各機関から税金を取り立てた。広州商人にとっては、いい迷惑であり、後に広州商団軍事件といわれる反孫文の武装叛乱を起こすほどである。

孫文の悲願は自分の軍隊を持つことである。孫文は清王朝打倒の革命運動を開始した一八九五年から、一度も自分の軍隊を保有していない。孫文はもともと医師であり、軍人の世界とは無縁であった。しかし辛亥革命以前、孫文は十度の革命蜂起を試みた。すべて辺境地域における武装蜂起である。だが、その武装集団のほとんどは、「反清復明」の武装秘密結社（洪門会などの会党）であり、孫文がその武装集団と手を握った結果である。それはアウトローを中心とした伝統的な政治結社で、武力闘争には貢献したが、孫文の「三民主義」など近代思想を理解できる集団ではなかった。だから辛亥革命以後は基本的に手を切った。

孫文に忠誠を尽くす軍隊としては、陳炯明の広東軍が最も近かった。しかしあくまで陳炯明軍であり、国民党の党軍ではなかった。党軍どころか孫文へ叛旗をひるがえした結果、孫文は自分に近い軍隊を失った。第三次広東軍政府を樹立しても、客軍の寄せ集めで軍事力を確保しているにすぎず、これらの客軍はいつ叛乱するか分からない存在であった。孫文の軍隊、すなわち国民党の党軍を組織することが求められたのである。

コミンテルン・ソ連の援助で国共合作を実現

広東に革命根拠地を確保した中国国民党が一九二八年に軍閥割拠の中国を統一し、その国民党を打倒して四九年に中国共産党が天下を掌握できた最大の要素は何か。

毛沢東は統一戦線、武装闘争、党建設が中国革命を成功に導いた三つの宝であると述べた。共通した強力な敵に対抗するための幅広い勢力との連合であり、その敵にたいする戦術として革命軍を組織し、武装闘争を展開したことであり、その武装闘争を指揮する前衛集団としての革命党の構築である。

もっと詳細に説明すれば、次の通りである。

統一戦線とは、一九二〇年代の軍閥政治、帝国主義支配を打倒するために国民党と共産党が連合した第一次国共合作であり、その後は一九三〇年代の日本軍の中国侵略に抗戦するために結成された民族統一戦線としての第二次国共合作であり、最後に一九四〇年代の国民党を打倒するための民主党派との提携である。

武装闘争とは、孫文が創設した国民革命軍（国民党の党軍）による軍閥打倒の北伐戦争であり、毛沢東が創設した紅軍（共産党の党軍、後の人民解放軍）による日本軍撲滅の抗日戦争、国民党打倒の解放戦争である。スターリンの言葉でいえば、武装した革命と武装した反革命の武装闘争である。

党建設とは、いうまでもなく革命運動の中核としての革命党、すなわち国民党の建設、共産党の創設である。

この三つの宝を、あえて一つに絞れば、武装闘争を支える革命軍の建設であろう。革命の先生（先輩）であるロシア革命と教え子の中国革命とを比較すれば、そこに大きな違いを見ることができる。ロシア革命はペテログラードやモスクワなど中央都市における人民蜂起で権力を奪取したロシアボルシェビキが、その革命成果を守るためにロシア赤軍を建軍し、地方で抵抗する反革命勢力を駆逐した。ところが中国では、国民党や共産党が地方で革命軍を組織し、革命戦争を展開し、地方から中央に攻め込んで権力を打倒した。

この中国的プログラムを成功裏に実現できたのは、国民革命軍や紅軍の出現である。国家の軍隊である国軍ではなく、革命党の軍隊である党軍の存在である。党軍の組織化はロシア共産党から学んだが、すべてロシア経験からの学習だけというわけではない。もともと中国では王朝転覆の「革命」(天命を革める)の多くが、地方からの叛乱軍が王朝の都に攻め込み、腐敗した皇帝を打倒してきた伝統がある。その意味で、中国経験の歴史から学んだものでもある。

孫文が目指したものは客軍に頼る軍事基盤ではなく、新しい国民党の革命精神で武装した革命軍を建軍することであった。そのために、先に見たように「孫逸仙博士代表団」を組織して蔣介石をソ連へ派遣したのだ。

第三次広東軍政府は、軍事的には不安定であったが、政治的には国民党の指導力が貫徹した国民党政府として安定した。しかもコミンテルン、ソ連、共産党の支援を受けて、革命政府としての性格を濃くした。

孫文が上海に逃げ込んでいた期間、急速に孫文とコミンテルン、ソ連、共産党との提携が進んだからである。こうして画期的な「国共合作」が実現した。

なぜ孫文とコミンテルンが接近したのか。

当時の国際環境から話を起こさなければならない。第一次大戦のさなか、一七年十一月、ロシア十月革命で世界最初の社会主義国家が誕生した。ロシアツアー体制が打倒された。続いてドイツが敗北し、ドイツ帝国が崩壊した。ヨーロッパでは皇帝専制の封建体制が崩れ去り、新しい時代が始まっていた。中国でも一二年に中華民国が誕生し、皇帝専制体制が葬り去られていた。世界的な規模で、新しい時代の到来が歓喜の声と共に待望されていた。

その新しい時代を誰が担うのか。新しい時代は別の言葉でいえば、「大衆の時代」の到来であった。すでにイギリス革命、フランス革命で市民革命の時代が到来していたが、市民革命はブルジョア革命をいわれるように、権力は決して一般市民が参加できるものではなかった。資本主義の発展、工業の発展は新しい階級としての資本家や労働者の台頭をもたらした。特に権力から疎外されていた労働者の台頭は、社会主義思想、マルクス主義思想の高揚によって労働者運動を世界規模で高めることとなった。それが「大衆の時代」を推進し、その頂点がロシア革命によるソ連の出現である。

一方、新しい時代は一九世紀的な「帝国主義の時代」を崩し始めた。帝国主義は各地に植民地を形成し、多くの民族が圧政に苦しんでいた。だから労働運動の台頭と同時に、民族運動も燃え上がった。各地で民族自決、民族独立が叫ばれた。第一次大戦によるロシア帝国やドイツ帝国の崩壊で、ヨーロッパではポーランドやチェコスロバキアが独立を達成した。アメリカのウィルソン大統領の有名な「平和の十四ヵ条」でも、格調高く民族自決が唱えられた。しかしアジア・アフリカでは、「帝国主義の時代」が終わりを迎えつつあったが、それはヨーロッパの話で、アジア・アフリカでは、依然として植民地支配は揺るぎ無かった。アジアの民族国家は、ヨーロッパだけでなくアジアにおいても民族独立の反帝国主義運動を進める必要があった。

新生ロシアは帝国主義政策との決裂を宣言し、ヨーロッパでの社会主義革命を広めようと「世界革命」を叫んで、積極的にヨーロッパの労働運動、共産党革命を支援した。その総本山が、モスクワに設立された世界共産党の連合機関であるコミンテルンである。ドイツやハンガリーで共産党革命の火が燃え上がったが、ことごとく敗北し、逆に社会主義に反対する西洋列強のソ連包囲が強まった。コミンテルン、ソ連はその苦境を脱する必要があり、帝国主義包囲の輪を打ち破るため、帝国主義に苦しめられているアジアの民族国家と提携、支援することとなった。

こうした世界的な潮流を受けて、中国も変りつつあった。一五年、陳独秀による「新文化運動」が知識人世界に「デモクラシーとサイエンス」を植え付けた。一九年には「五四運動」が勃発し、帝国主義に反対するナショナリズムのエネルギーを爆発させていた。そして二一年、遂に中国にもマルクス主義による中国共産党が誕生した。世界も大きく変ったが、中国も変りつつあった。

ソ連包囲の「帝国主義の環」を打破するため、コミンテルン、ソ連は中国の反帝国主義的民族運動を支援することとなった。生まれたばかりの小さな共産党だけでは頼りなかったからだ。もっと強力な民族主義的勢力を味方にしなければならなかった。最初は、民族的性格が強かった直隷派軍閥の呉佩孚に目をつけたが、呉佩孚が労働者を弾圧し、最後に孫文、国民党に民族主義者、民族政党のお墨付きを与え、それとの提携を模索し始めた。契機は、すでに見た香港の海員ストライキで、陳炯明省長を中心とする広州の国民党がイギリス帝国主義と対決した海員労働者を支援したからである。

コミンテルンは孫文、国民党の革命運動を支援し、孫文政権による中国統一を実現させ、その新生中国と提携して帝国主義打倒の運動を高めようと考えたのである。そのためには孫文が社会主義者になる必要はなかった。少なくとも、ソ連に反対せず、中国の共産党を支援すれば、それで充分であった。こうして生まれたばかりの中国共産党に国民党との提携・連合を命令した。

これはコミンテルン、ソ連の都合である。選ばれた孫文側はどうであったのだろうか。軍事勢力を持たない孫文は、国内で様々な軍事勢力と提携を模索してきたが、同じように国外では自己の政治闘争を支援する外国を模索していた。その一つが日本であった。反清闘争時代、たびたび日本へ亡命していたこともあって、日本の政治家と太いパイプを持っていた。だから孫文は一貫して日本が孫文革命へ支援することを期待してきた。ところが日本は孫文に甘い声をかけてきたが、決して孫文に肩入れすることはなかった。第一次大戦時代、山東半島の青島にあるドイツ基地を占領し、悪名高い「対華二十一箇条要求」を突き付け、無理矢理に山東利権を奪ってしまった。それが「五四運動」を勃発させた契機である。孫文も日本との提携を諦めざるを得なかった。

孫文は日本に代わるパートナーを探していた。そこに現れた救世主がソ連である。陳炯明の叛乱ですべてを失った失意の孫文は、上海で決断した。ソ連と提携し、軍事的に立て直そうとしたのである。

こうした説明に、異議を唱える見解が多い。特に共産党的歴史解釈は大きく異なる。それによれば、孫文は「五四運動」を経ることにより、労働者や人民の力を評価するようになり、思想を変えていった。社会主義者に変ったわけではないが、マルクス主義とロシア革命に共感し、極めて社会主義に理解を示してきたという。それを旧三民主義から新三民主義への変化と表現している。具体的には「聯ソ、容共、扶助工農」の三大政策へ転換したというのが公式見解である。ソ連と提携し、共産主義（共産党）を受け入れ、労働運動、農民運動を支援するようになったことを、孫文の転換と高く評価する立場である。

しかし思想が変ったというよりは、戦略が変ったという変化にすぎない。日本からの支援が望み薄になり、同時に陳炯明の叛乱で広東軍を失ったので、当然ながら新しい軍事支援を必要としたからである。

二三年一月、「孫文・ヨッフェ共同宣言」が発せられ、ソ連との提携が始まった。決して孫文が社会主義思想を受け入れたものではないことは、次の宣言内容で明らかである。

孫逸仙博士は共産組織だけでなく、ソヴィエト制度までも、事実上、いずれも中国に移入することは不可能であると考える。なぜならば、中国にはこの共産組織あるいはソヴィエト制度をして成功せしめ得る情況に置かれていないからである。この見解にヨッフェ氏は完全に同意した。なお彼は中国にとって最も重要にして最も緊急なる問題は、民国の統一の成功と完全なる国家の独立の獲得とであると考えている。ヨッフェ氏はまたこの大事業に関しては、孫逸仙博士に中国はソ連国民の最も真摯にして熱烈な同情を得ることができ、その上にソ連の援助に頼ることができるであろうことを確言した。

孫文はソ連からの援助で、何を期待したのであろうか。第一義的には軍事援助であった。マーリンからヨッフェ宛の電報によれば、孫文は次のようにマーリンに問い合わせた。

差し迫って必要なものはロシアからの武器援助であり、装備十万兵の支援である。多くを希望できるか知らない。鉄砲と弾薬が非常に不足している。ウラジオストクから広州へ直接運搬することができる。

ソ連は要請を受けて二百万ルーブルの資金と八千挺の日本歩兵銃、十五挺の機関銃、四門の大砲、二輌の装甲車を送る約束をした。ソ連の約束に感動・感謝した孫文は「この提案を実施するため代表をモスクワに派遣し、詳細について相談したい」と返答した。こうして二三年九月、蔣介石を代表とする「孫逸仙博士代表団」がモスクワに派遣されたのである。

ソ連との提携は軍事的援助にとどまらなかった。国内では中国国民党と中国共産党の合作、すなわち「国共合作」が実現した。これも大変な物議をかもした。国民党、共産党それぞれの内部で反対者が多かったからである。

共産党での最大の反対者は親分の陳独秀その人であった。彼は孫文革命に物足りなかったから新たに共産党を組織したのである。古い孫文的軍事万能路線を克服するため、労働運動や農民運動に依拠した新しいマルクス主義運動を構築しようと意欲に燃えていた。その意欲に水をかけられた。孫文や国民党と提携しろというコミンテルンの命令である。陳独秀は激怒した。激しい攻防があったが、コミンテルンの権威は絶対的で、二二年八月末、共産党の特別会議・杭州会議で国共合作が承認された。陳独秀は次のように述べている。

中共中央の五人の委員、李守常、張特立、蔡和森、高君宇と私は、一致してこの提案に反対した。党内連合は階級を混乱させ、われわれの独立した政策の実行を妨げることになる、というのが反対の主要な理由であった。最後にコミンテルンの代表は、中国の党は国際決議に服従するのかどうなのかと迫り、中共中央は国際規律を尊重するため、遂にコミンテルンの提案を受け入れざるを得なかった。こうして国民党加入を承認した。国共合作とは、党と党の提携ではなく、共産党員が党籍を持ったまま、国民党に加盟するという党内合作であった。当然、二重党籍の問題が発生するが、孫文は自己の権威に共産党員が服従する形式を求めたのである。

国民党内部でも意見が割れた。二重党籍を認めれば、いずれ共産党員に国民党が乗っ取られると危惧した人々もいた。特に反共右派は断固反対し、とうとう孫文から離れ、北京に西山会議派を結成したほどである。

モスクワに派遣された蔣介石は多くのソ連指導者に会った。トロツキーから赤軍の組織化を教えられ、国民党の党軍を創設する必要性を痛感したが、ソ連には強烈な反感を抱いて帰国した。帰国後に廖仲愷にあてた書簡で痛烈に批判している。

ロシア党を観察したところによれば、みるべき誠意がまったくない。

ロシアで孫先生個人を崇拝、尊敬するのは、ロシア共産党ではなく、コミンテルンなのである。ロシアにいるわが国の共産党員は、孫先生には中傷と懐疑があるだけである。中国にたいするロシア党の唯一の方針は、中国共産党を造って正統にすることであり、決して吾党が同党と終始一貫して合作し、お互いに成功を画策しうるとは信じていない。ソ連共産党、中国共産党をこき下ろしている。そうした紆余曲折を経ながらも、画期的な国共合作が実現した。孫文とコミンテルンの同床異夢的な思惑が一致したからである。だが結果としてこの大英断は、中国の政治を大きく変えた。ソ連の援助を受けた広東軍政府は充実し、国民革命軍を創設し、共産党の支援で北伐戦争を開始し、遂には中国再統一に成功することとなる。

黄埔軍校の創設で革命軍を育成

蔣介石は一九二三年八月十六日、上海を出発して九月二日、モスクワに入った。そして十一月二十九日、モスクワを離れ、十二月十五日、上海に戻った。ロシア滞在は三ヶ月の長きに渡った。

モスクワでの議論の中心の一つは軍事的な支援であった。ソ連側の記録によれば、蔣介石らは先ず次のように希望した。

①赤軍をモデルとして中国軍隊を訓練するため、中国南方に多くの人を派遣して欲しい。
②赤軍を学ぶ機会を提供して欲しい。
③共同して中国の軍事作戦計画を討論させて欲しい。

ソ連側も蔣介石には親密感を抱いたようである。次のように記している。

代表団の団長・蒋介石は参謀長であり、かつて日本で軍事教育を受けた。国民党左翼に属し、長老の党員である。孫文の厚い信任を受けており、我々とも極めて親密である。今は中国南方で軍事工作からは離れている。彼は我々の中国北方の作戦計画を支持している。中国で最も教養のある人物の一人と称されている。彼は我々の赤軍の政治工作と赤軍の装備に非常な関心を抱いている。

だから赤軍の責任者であるトロッキーとの会談に、蒋介石は多くの教訓を得たようである。蒋介石側の記録では、蒋介石は後にトロッキーについて、好印象を述べている。

私はモスクワ滞在中、トロッキーと話すことが最も多かったが、彼の言動は最も爽やかで、飾り気がなかった。

別れの際、トロッキーから次の言葉を贈られたと蒋介石は記録している。

革命の要素は忍耐と活動の二つであり、そのどちらも欠いてはならない。これを別れの言葉として贈る。

十一月二十七日、モスクワで蒋介石がトロッキーと会談した記録がソ連側に残っている。それによれば、トロッキーはむしろ政治工作に全力を注ぐべきであると忠告した。

目下は、すべての注意力を政治工作に注ぐべきで、軍事活動は最低限度にとどめるべきである。

革命軍を育てた黄埔軍校

孫文と国民党は軍事冒険を放棄し、すべての注意力を中国の政治工作に転換すべきである。二十五年間、ソ連共産党は長期にわたって党を磨いてきた。国民党も直ぐに勝利しようという幻想を放棄し、細心の忍耐で気を抜かずに確固とした活動を堅持すべきである。もしこうした条件を実行すれば、疑いもなく輝かしい未来が国民党に約束される。

トロツキーが強調したかったことは、赤軍をモデルとした国民党の革命軍を建設するとしても、政治教育を施してじっくり基礎固めすべきで、早急な軍事冒険をすべきでないということであった。この指摘に、蔣介石は感動したのである。

この代表団の意義について、汪精衛は後に国民党大会で次のように報告している。

熱心な考察の結果、赤軍の組織、共産党の

厳格な規律を理解した。帰国後、本党の改組と党軍の創軍を実施する一大動機となった。蔣介石が学んできたことは、汪精衛の報告からも明らかなように、政治教育をしっかり施した革命軍の創設と、規律正しい革命党の構築であった。後に革命軍と革命党の双方の最高指導者に上り詰めた蔣介石にとって、このソ連視察は大きな財産となった。

蔣介石は帰国後、孫文に書面で報告書を提出したとされるが、その内容は現在まで明らかにされていない。だが孫文は、その報告を受け、国民党の改組と黄埔軍校の創設を決定した。国民党の改組とは、共産党員の受入れと、国民党を委員会制に改めることである。それまでは国民党は孫文の私党であり、すべての役職は孫文自身が決定していた。それを国民党の党員の党に変えたのである。すなわち、国民党員の選挙で代表を選出し、代表大会の選挙で執行部を選出するという公党体制に変えた。ただ国民党総理だけは孫文の指定恒久職とした。共産党員が総理に選ばれては困るという理由であった。

二四年一月、画期的な中国国民党第一回全国代表大会が広州で開催され、正式に国共合作がスタートした。この国共合作による新しい革命運動を「国民革命運動」と呼ぶようになった。そして革命軍を組織するため、その教育機関として「中国国民党陸軍軍官学校」が広州黄埔に設立された。ソ連からは政治顧問としてボロディンが、軍事顧問としてガレンが派遣された。ボロディンは孫文に、軍事闘争だけでなく、労働運動や農民運動の支援、組織化を進めて国民運動を盛り上げるよう指導し、軍事闘争はガレンが指導した。

新設された黄埔軍校の初代校長に蔣介石が就任した。実は就任に一悶着があった。蔣介石はその権限が小さいことに不満を持ち、就任要請には直ぐには応えなかったからである。蔣介石は国民党一全大会で中央執行委員には選ばれなかった。一介の校長では不満であった。孫文や周辺の幹部がたびたび説得に回り、やっと就任した。彼には三顧の礼をもって要請されなければ就任しないという戦術を弄することが多かった。そうすることで、自己の存在感を誇示したかったのであろう。

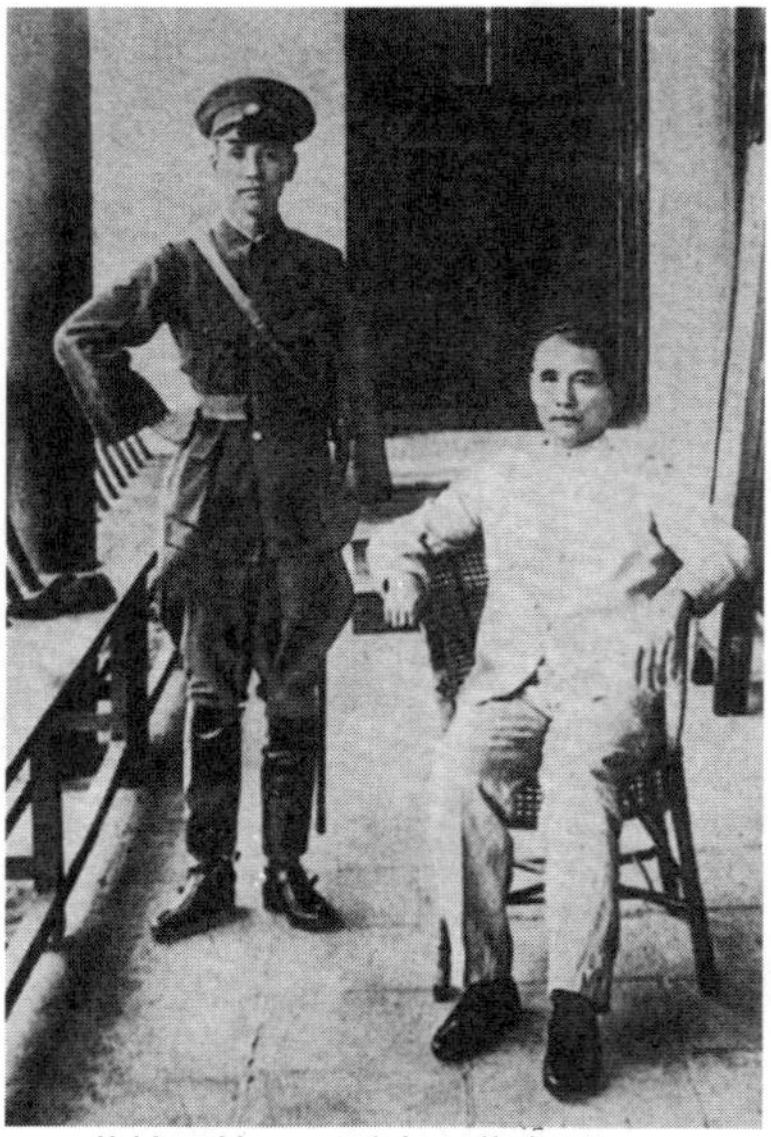

黄埔軍校での孫文と蔣介石

とはいえ黄埔軍校は蔣介石の政治的軍事的宝物となった。国民革命に忠実な革命兵士を育て上げたというよりは、蔣介石に忠誠を尽くす蔣介石軍を作り上げることに成功したからである。特に孫文が死んだ後の汪精衛との激しい権力闘争で勝利した最大の原因は、軍を掌握できなかった汪精衛に比べ、蔣介石は強力な軍事力を基盤とすることができたからである。

黄埔軍校の歴史をまとめた『黄埔軍校

史稿』は次のように経緯を述べている。

本校は党のため軍事学校を設立したもので、校名を「中国国民党陸軍軍官学校」と定めた。また場所が広東の黄埔島に開設されたから「黄埔陸軍軍官学校」とも称された。黄埔島は広州から約四十里（約二〇キロ）離れ、汽船で一時間あればたどり着く。一周約二十余里で、森林と山に覆われ、南には虎門に連なり、広州の第二の門戸である。長洲要塞が対岸にあり、かつて広東陸軍学校および海軍学校があった場所である。しかし久しく荒れ尽くし、草茫茫で、キツネやネズミの棲み家となっていた。孫文総理は四面が水に囲まれ、都市とは隔離されているこの地が軍事的にも重要であり、教学の場としても便利であると考え、この島を本学校地と指定した。


六月十六日、孫文は開学式典で新入生を前にし、次のように革命軍の必要性を強調した。

二年前、「革命同志」といわれていた陳炯明軍が観音山を砲撃し、南方政府の土台を破壊した。以前に革命軍と叫んでいたのは、革命政府のもとにいる軍隊を指すだけで、利害は同じでなかった。

中国にはよくない軍人が二種類ある。一つは革命党内の軍人で、口では革命に賛成しているが、行動では革命に反対する輩で、いわゆる口と心が一致していないということだ。もう一つは、革命党の外にいる軍人で、完全に革命に反対し、ただ出世と金儲けにうつつを抜かし、共和政治を破壊し、専制政治を復活させようと企んでいる。

ロシアは六年前、革命を起こし、同時に革命軍を組織し、着々と展開し、旧党や外からの敵を撲滅することに大成功できた。われわれはこの学校を開学するのはロシアを真似ることである。

革命党が掲げる革命精神を持った軍人が必要であり、そのためには軍事技術と同時に革命主義を学ばなければならないと強調した。

この軍校の特徴は、①国民党の軍隊を組織する目的で開校されたこと、②軍事訓練だけでなく、革命主義の政治教育を施すこと、③中国共産党の協力で、マルクス主義が教え込まれたこと、④ロシアから多くの教官が派遣されたこと、などがあげられる。もちろんそれまでには考えられない軍校であった。

この特徴は組織メンバーからも明らかである。校長は軍人の蔣介石であるが、党代表として国民党最高幹部の廖仲愷（後に汪精衛）が就任した。また政治顧問にボロディン、軍事顧問にガレンが就任し、顧問長、歩兵顧問、砲兵顧問、工兵顧問にもそれぞれロシア軍人が就いた。

軍事教練だけではなく、政治教育を施すため政治部が設置され、その主任に戴季陶、周恩来、汪精衛、包恵僧、邵力子などが就任した。国民党と共産党の理論家である。共産党からは政治部主任の周恩来、包恵僧、邵力子に加え、魯易が政治部副主任、軍人の葉剣英が教授部副主任として参加した。また共産党幹部の惲代英、肖楚女、張秋人、高語罕などが国民党幹部と一緒に教壇に立ち、三民主義、帝国主義の分析、社会発展史、中国民族革命問題、帝国主義侵略史、各国政党史、各国革命史などが講義された。

黄埔軍校は二四年五月に発足し、後に潮洲、武漢、長沙、南昌、洛陽に分校が組織された。また二六年一月には中央軍事政治学校と改称し、その後も国民革命軍官学校、中央陸軍軍官学校と変り、国民党が全国を統一して南京に首都を構えると、本部も南京に移った。

では、どれだけの革命軍人が育ったのだろうか。二四年五月入学の第一期生で卒業したのは六四五名。学習期間はわずか半年。海軍、労働者糾察隊、農民自衛軍などの政治工作や教練へ派遣された少数を除いて、ほとんどが黄埔教導団の基層幹部として配属され、そのまま戦闘に参加した。というのは、学生を中心に、教導団が組織され、それが後に党軍を経て国民革命軍に発展したからである。教導団は訓練を受けると同時に、陳炯明打倒の東征の戦闘に参加した。

二四年八月以降に入学した第二期生は一年間の訓練を受けたが、やはり教導団の東征に参加し、実戦を通して学習した。四四九名が卒業し、国民革命軍第一軍に派遣された。二四年冬に入学した第三期生は、孫文が死んだ後に客軍である雲南軍の楊希閔と広西軍の劉震寰が叛乱した戦闘に参加し、その叛乱討伐を通して実戦を経験した。この時、潮洲分校も設立され、合計で一、二三三名が二六年一月に卒業した。二五年七月から二六年一月にかけて入学した第四期生は、途中で蒋介石による国民革命軍の北伐戦争が始まり、二六年九月には卒業して北伐軍に参加すると同時に、各地に派遣され労農大衆の組織化を進めた。卒業者は二、六五四名と非常に多かった。黄埔軍校が中央軍事政治学校と改称された後も、各期ごとに三、四千名の軍人が育っていった。これが国民革命軍の中核に育っていったのである。

国民革命軍が正式に発足したのは孫文死後の二五年八月である。二四年十一月、教導団が組織され、それが二五年四月に国民党軍となり、それが発展して国民革命軍となった。

国民革命軍の特徴は、党軍の革命軍であるから、軍団、師団にそれぞれ党代表が配置され、党の文人と軍人が協力する態勢を築き上げられたということである。国民革命軍の総司令は、北伐戦争が始まる二六年六月に蒋介石が就任し、全権を掌握した。そのときは八軍構成で、総数約十万兵であった。第一軍が蒋介石の親衛部隊であるが、軍長は蒋介石（後は何応欽）で党代表が廖仲愷、政治部主任が周恩来であった。部隊は黄埔軍校を卒業した党軍を中心に、広東軍の一部を組織して編成されたものである。

永豊艦が広州に合流し商団軍の叛乱を鎮圧

さて海軍はどのようになっていたのだろうか。その前に、陳炯明の叛乱鎮圧に失敗して孫文が広州を離れた後、孫文に忠誠を尽くした永豊艦はどのようになっていたのであろうか。その話から始めたい。

孫文の命を救った永豊艦長の馮肇憲は、当然ながら孫文が広州を去ると、彼も永豊艦を離れた。孫文に従った永豊、楚豫、同安、豫章の四艦は主人がいなくなった後、海軍艦隊司令の温樹徳に接収された。しかし情況は極めて複雑であった。温樹徳は「広東王」となった陳炯明とも距離を置き、北洋政府との関係修復も模索していた。そうした中、孫文による広州奪回作戦が始まり、客軍の進撃が始まった。海軍も戸惑うばかりである。福建省南部にいた許崇智軍が行動を起こし、広東東部の汕頭では停泊していた肇和、楚豫の二艦が、孫文から派遣された大本営参謀長・李烈鈞に合流し、温樹徳から離れた。

このとき、再び永豊艦奪還のクーデターが行われた。一九二三年二月一日、白鵝潭にいた永豊艦に黄埔へ移動するよう命令が発せられた。前の同安艦長・欧陽琳が孫文の命を受けて決死隊を組織して永豊艦へ乗艦し、水兵に決起を促した。もともと孫文に忠誠を見せていた永豊艦であるからたちまち成功し、艦長の常光球を陸上に送り届け、そのまま黄埔を離れて李烈鈞のいる汕頭に向かった。そして肇和、楚豫に合流した。こうして臨時の汕頭艦隊が組織された。この三艦船は一致して孫文擁護を通電し、孫文も肇和艦長・田士捷を汕頭艦隊司令に任命し、欧陽琳を永豊艦長とした。

広州受難1周年記念で永豊艦を訪れた孫文と宋慶齢

二月二十一日、孫文は解放された広州に入り、みたび陸海軍大元帥府を開設し、第三次広東軍政府を樹立した。海軍もこの現実を受け入れなければならない。孫文も温樹徳をそのまま留任させ、協力を要請した。しかし当然ながら陳炯明の叛乱で洞が峠を決め込んでいた温樹徳との関係はしっくりいくはずはなかった。

孫文は広州に戻ると、汕頭艦隊の迅速なる帰還を要請した。しかし汕頭の情勢は厳しくなり、李烈鈞も汕頭を離れ、永豊艦は温樹徳の追撃を恐れて直ぐには広州に戻れなかった。仕方がなく福建省の泉州、厦門などをさまよったが、管理経費が尽きてしまった。孫文から費用資金を受けて広州に入ったのは八月になってからである。八月十四日、孫文は懐かしい永豊艦に再会できた。広州受難一周年記念ということで、孫文は夫人の宋慶齢を伴って乗艦し、記念写真を撮っている。孫文は艦上で次のように演説した。

永豊艦は広州から汕頭に赴き、さらに汕頭から厦門へ赴いた。終始、護法のために行動した。今、再び正義を掲げて厦門から広州へ戻ってきた。幾たびかの危険を経験しながらも、一度たりとも初心を忘れることはなかった。

この時期、国民党改組、国共合作、国民党一全大会、黄埔軍校という大きな変動を見せたが、海軍に関してはそれほど革命的な発展があったわけではない。むしろ逆であった。遂に孫文と温樹徳が決裂し、二三年十二月、温樹徳は長く広東にとどまっていた旧護法艦隊の七隻を率いて北洋軍閥政府に合流することになった。離れたのは海圻、同安、海琛、永翔、楚豫、豫章、肇和の七隻である。西南護法艦隊と称した十一隻の大半であった。広東軍政府に残ったのは永豊、飛鷹、舞鳳、福安などの砲艦と江防艦艇で、すべて千トン以下の小型艦船にすぎなかった。一気に貧弱な海軍となったのである。しかし永豊艦からみれば、まさに広東革命政権を守る最大の艦艇となった。いまや広東にあっては永豊艦が主役であり、頼みの綱でもあった。

二四年八月から十月にかけて、広州で商団軍の叛乱が発生し、そこで永豊艦がからんだ。商団軍の叛乱は、孫文の軍事優先主義と広州の改革が引き起こした広州商人の武装叛乱である。かつて「広東政権の財政逼迫と商団軍の反乱」という論文で次のように整理したことがある。

①過度の財政難に苦しむ孫文政権でありながら、軍事行動を重視する政策は巨額な軍事費を必要とし、その負担は広東の商人がかぶらなければならなかったこと。

②封建小軍閥である客軍を駆使して革命政権を維持するという孫文の軍事路線が、広東にお

ける客軍の軍閥的横暴さと収奪を許し、広東市場の健全な発展を阻害していったこと。
③孫文政権のブルジョア的改革が封建的商慣習と抵触し、保守的な商人層に恐怖心を抱かせていったこと。
④労働組合の結束が進み、経営者の団体である商会との間に待遇改善や賃上げなどの階級的対立が明確になってきたこと。
⑤孫文の反帝国主義的民族主義が、広東経済を支配する帝国主義、買弁勢力を刺激していったこと。

孫文は国共合作を実現し、陳炯明を駆逐したが、相変わらず北伐戦争による中国統一を模索していった。そのため広州から北方約二百キロ離れた韶関に大本営を移し、北伐出師の準備を進めた。このとき、中央では北京を支配する直隷派軍閥の曹錕・呉佩孚が、反対派の奉天派軍閥の張作霖、安徽派軍閥の段祺瑞と対立し、奉直戦争が勃発しようとしていた。孫文は直隷派軍閥に対抗するため張作霖や段祺瑞と軍事的提携を模索し、反直三角同盟を築き上げていた。広東から北伐軍を北上させ、張作霖や段祺瑞と協力して直隷派軍閥が支配する北京政府を打倒しようとしていたのである。共産党は、こうした軍閥との提携は革命戦略としては望ましくないと批判していたが、孫文は国共合作を推進する一方で、軍事優先路線も放棄はしなかった。

この北伐作戦には巨額の軍事費が必要で、それを広東の商業界から徴収していたのである。

当然ながら重税政策の採用である。広東の商業界は、同時に客軍からも勝手に税金を巻き上げられ、客軍に頼る孫文政権に反感を抱き始めた。その総本山が広州総商会であった。孫文の重税策に反対するため、商会は団結して商店を閉鎖するストライキで対抗した。それだけでは不十分なので、独自に武装集団である商団軍を組織した。

商団軍の責任者はイギリス資本の滙豊銀行（ホンコン・シャンハイ銀行）広州支店総支配人の陳廉伯であった。いわゆる買弁資本家である。広東省全体では商団軍は五万、あるいは七万ともいわれていた。陳廉伯は武装叛乱の準備で武器九千挺をドイツから購入した。それが発端である。

商団軍の武装強化を恐れた孫文は、当然ながら手を打たなければならない。孫文は黄埔軍校の蔣介石に、その輸入武器の差し押さえをするように命じた。そして蔣介石は永豊艦にその差し押さえを命令した。

永豊艦は八月二十日、広州白鵝潭に入港した運搬船ハーバード号を扣留し、翌日、その武器を黄埔軍校に運んで、そこに保管した。扣留理由は輸入手続に問題があるということであった。怒った商会は、商店閉鎖の一斉ストライキで武器返還を要求した。今度は陳廉伯の逮捕状を出し、強硬な態度を崩さなかった。直隷派軍閥・呉佩孚と手を結んで内乱を陰謀したという罪状である。この紛争でイギリスが干渉し、艦艇九隻を白鵝潭に送り込んで、もし商団軍に発砲すれば、イギリスが広州政府へ実力行使に出ると脅した。イギリスとしては、コミンテルン、ソ連と提携した孫文は危険極まりない存在である。対立は国際化した。

苦境に陥った孫文はとりあえず四千挺を返還せざるを得なかった。元気付いた商団軍はさらにゼネストを呼びかけ、対立は決定的となった。しかも返還武器の陸揚げ現場で、反対する労働者と衝突し、死者が出るという事態が発生した。商団軍は広州各地にバリケードをはり、武装叛乱にでることとなった。

戦闘は迫っていた。この緊迫した状況下、韶関にいた孫文は何と広州放棄を決定した。北方で奉直戦争が勃発し、孫文はそれに同調した北伐出師にすべてをかけたのである。孫文は蔣介石に次のような指令を発した。

黄埔の孤島を放棄し、武器および学生を引き連れて直ちに韶関へ向かい、北伐に勝負をかけよ。

驚いたのは蔣介石である。このとき、ソ連から軍艦が広州に入り、約束した武器が送り込まれた。それが黄埔軍校の武器として、武装強化に役立った。むしろ商団軍の叛乱を鎮圧し、革命根拠地を守ることが大切であると蔣介石は主張したのである。またしても孫文の意向に反対した。広州に革命委員会が組織され、胡漢民が全権を預かり、蔣介石が軍事委員会委員長として警衛軍、工団軍、農民自衛軍、飛行隊、装甲車隊を指揮下に入れ、黄埔軍校学生も出陣して、バリケードを築いた商団軍に総攻撃をかけた。十月十五日、広州にいた雲南軍、そして韶関から戻った湖南軍も合流して戦闘が始まった。永豊艦は河から鎮圧戦闘に参加した。戦闘はあっけなく、武装に劣る商団軍は蹴散らされた。首謀者の陳廉伯は租界の沙面に逃げ込み、一日にして叛乱は終息させられた。このとき、広州放棄という孫文の判断に従っていたならば、広州の政情も大きく変っていたかもしれない。否、蔣介石の運命もどう変ったかわからない。孫文に背いた蔣介石の判断が、蔣介石自身の立場を高めることになったことは間違いない。

黄埔軍校の学生で後に共産党の人民解放軍将軍となった徐向前は当時を次のように回顧している。

商団叛乱鎮圧の戦闘で黄埔軍校学生は初めて戦場に立ち、皆が勇敢に戦い、軍威を高めた。

この後、学生は陳炯明討伐の第一次、第二次の東征へ参加し、実戦を重ねることとなる。国民革命軍の母体となる黄埔軍校の最初の戦闘であった。

孫文が死去し広州国民政府が成立

中華民国史は戦争史であり、内戦史でもあった。絶え間なく戦争が展開された。一九二八年六月、孫文死後の国民革命軍が全国を統一するまでを北洋軍閥時代と総称するが、それは様々な北洋軍閥が天下を狙った軍閥混戦の時代でもあった。

袁世凱死後の大きな軍閥戦争は安直戦争、第一次奉直戦争、第二次奉直戦争である。当時の三大軍閥であった安徽派軍閥の段祺瑞、奉天派軍閥の張作霖、直隷派軍閥の曹錕・呉佩孚のパワーゲームであった。二〇年七月の安直戦争は、それまで北京を支配していた安徽派軍閥の段祺瑞政権が、張作霖の協力を得た直隷派軍閥によって打倒された戦争である。天下は直隷派と奉天派の連合政権が掌握した。ところが同床異夢の軍閥同士であるから、直隷派と奉天派が内閣をめぐって対立し、二二年四月、第一次奉直戦争が勃発した。両軍あわせて二十二万兵が激突した結果は、六月に張作霖が敗北し、地盤の東北三省に撤退した。これで直隷派軍閥が北方の天下を掌握した。

敗れた張作霖は、同じく安直戦争で下野していた段祺瑞と提携を模索し、奉天派軍閥と安徽派軍閥の連合による直隷派打倒を狙っていた。安直戦争では戦った張作霖と段祺瑞の提携である。ところがその提携に孫文が乗った。北京を支配した直隷派軍閥を共通した敵として、張作霖、段祺瑞、孫文による反直隷派の三角軍事同盟が成立したのである。かつて護法戦争では孫文は段祺瑞政権を糾弾して広東護法政府を樹立したことがある。昨日の不倶戴天の敵が、今日は味方になるのだ。このようなアッと驚く合従連衡は日常茶飯事であった。

二四年九月十七日、張作霖は二十五万兵を率いて万里長城を越えた。こうして第二次奉直戦争が勃発した。曹錕は呉佩孚を総司令に任命し、同じく二十五万兵で迎え撃った。総勢五十万兵が激突する大戦争である。万里長城が始まる山海関付近で激戦が続いた。孫文も三角同盟を盾に、直隷派軍閥打倒の北伐戦争を準備した。

このさなか、十月二十三日に直隷軍第三軍総司令の馮玉祥がクーデター（北京政変）を起こして総大将の曹錕を軟禁した。この結果、直隷派軍閥の天下は終焉した。代わって張作霖が天下を牛耳ったわけではない。張作霖、馮玉祥は安徽派軍閥の段祺瑞を引っ張り出し、臨時執政府を樹立した。そして広東にいた孫文も三角同盟のよしみで北京に呼ばれ、新しい政局を検討することとなった。

北伐統一の執念は、孫文の存命中には実らなかった。千載一遇の好機とみなしていた奉直戦争は、商団軍の鎮圧に手間取っている間に終わってしまった。またもや天下は軍閥の手に握られた。ただ情況は少し流動化していた。馮玉祥は国民軍を組織し、革命派を自称した。そして善後策を検討するため北京に呼ばれたのである。張作霖、段祺瑞、馮玉祥は善後会議を開催し、軍閥の相互牽制的安定を求めた。孫文は幅広い人材を結集した国民会議の招集を求めたが、北京に乗込むことを了承し、胡漢民を広東留守役、大元帥代行職に任命し、広州を離れることとなった。それを孫文の北上という。

十一月十日、孫文は「北上宣言」を発して、国民会議の開催と平和統一を求めた。しかしみずからの革命軍で軍閥勢力を一掃することはできなかったから、軍閥勢力との話し合いに応じざるを得なかった。

十一月十三日、孫文と宋慶齢夫妻を乗せた永豊艦が白鵝潭を出発した。にぎやかな銅鑼のなかを離れた永豊艦は突然浅瀬に乗り上げてしまった。こうしたアクシデントに会いながらも自力で浅瀬を脱出し、黄埔島に寄った。孫文は黄埔軍校を視察した後、ソ連の巡洋艦ビロフスキー号の護衛を受けて香港に入った。小型砲艦であるから、永豊艦で北京に向かうことは不可能であった。香港で永豊艦から離れた孫文は日本の春洋丸に乗り換え、上海に向かい、上海から長崎、神戸を経て天津から北京に入った。途中、神戸で有名な「大アジア主義」を講演し、日本を痛烈に批判した。

当時、すでに孫文は肝臓癌におかされており、志を果たすことができないまま、二五年三月十二日、北京で客死した。「革命、未だ尚成功せず」が辞世の言葉であった。

長い中国革命を指導してきた巨星が墜ちた。北伐統一の夢は、残された国民党が受け継がなければならなかった。広東軍政府は孫文大元帥の政府であり、その死は改組を必要とした。こうして軍政府組織を解消し、新たに国民政府を樹立した。それは国民党が指導する国民政府であり、国民党が国民政府の樹立を決定したのである。二五年七月一日、正式に中華民国国民政府が成立した。広州国民政府の誕生である。後、北伐戦争の拡大で、武漢国民政府時代を経て、全国統一後は南京国民政府となる。

カリスマを失った広州国民政府は合議制を採用し、汪精衛が政府主席、胡漢民が外交部長、廖仲愷が財政部長、許崇智が軍事部長に就任した。このとき、蔣介石は軍事委員会の委員にすぎなく、ポストは決して高くなかった。だがその後、激しい権力闘争を勝ち抜き、蔣介石が一気にナンバーワンに上り詰めることとなる。

永豊艦から中山艦へ

一九二五年四月十三日、国民党中央執行委員会の決定で、永豊艦は中山艦と改称された。いうまでもなく孫文の偉業を記念して命名されたものである。翌日の『広州民国日報』は次のように報道している。

北洋「永豊」砲艦は護法の役で孫文大元帥が率いて南下した艦隊として広州に来た。二二年夏、大元帥はこの艦船に乗込み、黄埔、白鵝潭で陳炯明の賊衆を砲撃すること五十五日。先の大元帥は西南護法の各戦役で、常にこの艦と危機を共にしてきた。ゆえに中央党部と「永豊」艦の諸長官は議決を経て「中山」号と改称し、永久に記念することとした。

昨十三日、改名式典を挙行した。艦内後方の望台を式場とし、党中央は孫大元帥の遺像を設え、四方に絹花が飾られ、万国旗が掲げられた。また全艦に万国旗が飾られ、艦首には青天白日の党旗がペンキで塗られ、銅プレートに刻み込まれた「中山」の二字が艦尾の「永豊」の位置にはめ込まれた。正午、政界要人の胡漢民留守役、伍朝枢部長、廖仲愷部長、徐謙次長、鄧沢如運使、軍界からは許崇智総司令代理、李宗璜江防司令、朱培徳軍長代理、胡思舜軍長代理、呉鉄城警衛司令などが乗艦した。

汪精衛を除く国民党幹部が勢揃いしている。汪精衛は北京で孫文の死に立ち会っているので、まだ広州には戻っていなかったのだろう。このとき、蔣介石は東征に出て、広州には不在であった。居れば当然ながらイの一番に参加したことであろう。

これ以後、栄光に満ちたというよりは苦渋に満ちた永豊艦は中山艦となる。

第七章　謎に包まれた「中山艦事件」

共産党の急速な台頭

中国共産党は一九二一年に結成され、翌年に日本共産党が誕生した。当時の工業化、産業発展のレベルから見れば、日本の方がはるかに高かった。だから単純に考えれば、共産主義運動が発展する可能性は、日本の方が高いはずである。ところが現実は逆であった。日本共産党は度重なる弾圧で壊滅状態に陥り、日本の政治を動かす勢力にはなれなかった。他方、中国共産党は日の出の勢いで発展し、瞬く間に中国情勢を左右する巨大な勢力に成長した。

中国の労働運動が強く、日本の労働運動が弱かったからではない。最大の原因は、日本の権力が中央集権的であり、その弾圧が強烈であったからだ。ところが中国は権力が分散した分裂社会であり、革命派と反革命派が対峙する革命社会であった。権力の空白地帯が多く、共産党を弾圧しようにも、効率は上がらなかった。

しかも広州の国民党政府は、国共合作で共産党を庇護した。では広州だけが、共産党発展の可能性が高いところであったか。そうではない。中国最大の工業都市は上海であり、そこに分厚い労働者が存在した。だから中国共産党も上海に誕生した。逆説的だが、共産党にとって、外国支配の租界の存在は好都合であった。中国の軍閥権力は治外法権の租界に手が出せず、共産党は強力な弾圧から逃れることができた。二七年三月、共産党の指導のもと上海労働者は上海武装蜂起に成功し、労働者・市民の手で軍閥勢力を上海から追い出し、国民革命軍を迎え入れた。それほど、軍閥支配下の上海でも共産党は実力をつけ、労働運動の一線に立っていた。

同時に中国には広大な農村が広がっている。中国共産党はそこに目をつけた。労働運動がすべてではない。中国でもっとも苦しめられている人民は、発達した資本主義国家と違って、労働者よりはむしろ農民であった。農民は土地にしがみつくプチブル的性格が強く、「鉄鎖以外に失うものがない労働者」に比べれば、革命性は薄いと考えられていた。ところが中国農民は農地を持たない小作農民が多く、地主に収奪される悲惨な情況が存在していた。プロレタリアートを「無産階級」と表現するが、農地を持たない小作農民は「財産（農地）が無い」という意味で、まさに「無産」階級であった。中国共産党はこの農民の組織化、農民運動の工作に力を注いだ。農村にコミューンを築いたほどである。

孫文も独自な労働者政策、農民政策を持っていた。孫文の有名な三民主義とは、民族主義、民権主義、民生主義であるが、最後の民生主義は、いかにして人民の生活を安定させるかということであり、彼は「資本節制」と「耕地を耕作者へ」を唱えた。貧富の差が社会的混乱の原因であり、民生主義の根幹は貧富の差を少なくさせるところにあった。

資本節制とは、大資本家に富が集中することを避けようと、むしろ国営企業を中心とした国家資本主義の道を模索した。また農民に耕地を与え、小作農の自作農への転換を推進しようとした。その改革案は貧富の格差が広がらないように是正するにすぎず、格差を無くして平等にするわけではない。私有制を破棄し、完全な平等社会を実現しようとするマルクス主義から見れば、穏健な改良主義者にすぎないが、資本主義発展が低い社会では共闘できる相手ではあった。

とにかく国民党が共産党の活動を庇護するということは、共産党が権力の弾圧を恐れずに発展する基盤を用意した。日本と大きな違いである。その意味から、国民党との合作を反対した陳独秀ら中国共産党の幹部の方針よりもコミンテルンの方針が、結果として中国共産党の発展に貢献した。だからといって、国民党と共産党がずっと蜜月関係にあったわけではない。基本的にはイデオロギーと支持基盤が異なる呉越同舟の性格が強く、その提携はいつ破綻してもおかしくはなかった。

わずか五十数人の党員から出発した共産党であったが、新文化運動の担い手であった陳独秀、北京大学教授の李大釗をはじめ、優秀な人材が結集し、精力的に労働運動、農民運動に工作し、軍人の世界にも勢力を拡大した。孫文はその優秀な人材に羨望し、それを自分のもとに組み込みたかったのである。国共合作が成立すると、共産党員は国民党員となり、国民党の中核に参加した。

二四年の国民党一全大会に選ばれた代表一九七名中、共産党員は二四名。中央執行委員二四名のなかに李大釗と譚平山、于樹徳の三人が、また候補中央執行委員一七人の中に毛沢東ら四人が選ばれた。譚平山は常務委員となった。部長職でも、組織部長の譚平山、同秘書の楊匏安、農民部長の林伯渠、同秘書の彭湃などはすべて共産党員であった。

孫文死後の二六年一月に開催された国民党二全大会では、李大釗、譚平山、于樹徳に加え、林伯渠、楊匏安、惲代英の共産党員が中央執行委員に選ばれた。譚平山、林伯渠、楊匏安は常務委員となった。引き続いて組織部長は譚平山、農民部長は林伯渠がつとめ、新たに宣伝部長代理は毛沢東が就任した。権力の中枢である政治委員会の委員に譚平山が入った。

共産党総書記の陳独秀は党務に専念したが、国民党の中枢に、譚平山を中心に多くの共産党員が配置されたのである。すでに見たように、黄埔軍校にも共産党員が多く送り込まれていた。もちろん、それら共産党員の台頭は国民党から見れば脅威である。革命党としては老舗の国民党にとって、新興勢力である共産党の活躍に、羨望と恐怖が渦巻いていた。そして中山艦も共産党に「乗っ取られる」という事態が発生し、国共合作の進行は中国革命、国民革命を勝利に導き始めたものの、最終的な勝利の美酒は国民党が呑むのか、共産党が呑むのか、その確執が同時に進行した歴史でもあった。

二五年五月三十日、中国労働運動の高まりを決定付けた「五卅運動」が勃発した。発端は、上海で発生した日本企業における労働争議とそれに対する苛酷な弾圧である。それは帝国主義反対の全国的な民族運動に高まった。五月三十日、上海租界で帝国主義反対のデモをしていた学生に租界警察が発砲し、多数の死者が出た。これを契機に、上海では労働者のストライキ、学生のストライキ、商人のストライキという三大ストライキが実現した。工場は操業停止、大学は授業ボイコット、商店街は店を閉じて、外国商品の販売を拒否した。日本商品ボイコットで、反帝国主義の抵抗を示したのである。反帝国主義という共同目的で労働者、学生、商人が連合した。もちろん労働者がその中心であった。

この五卅運動がもっとも燃え上がったのは広州であった。それを特に「省港ストライキ」と呼ぶ。何と一年間も闘争が続いた。省港とは、広州と香港のことを指す。広州と香港の労働者がストライキをし、同時に労働者糾察隊という武装部隊を組織し、実力でイギリス帝国主義の牙城である香港を封鎖し、食糧や燃料が送り込まれないように締め上げた。香港は「死の港」となったのである。糞尿処理ができず、「臭港」とも呼ばれた。香港でストライキに入った労働者は二十万人以上で、そのうち十三万人が香港を離れて広州に入った。

広州国民政府のお膝元で発生した未曾有の大ストライキ、民族運動は、もちろん国民党の支援無くしては維持できない。特に共産党と関係が深かった国民党の元老・廖仲愷が共産党と一緒に肩入れした。そうはいえ、労働運動を指導した中心は共産党である。ストライキを指導しただけでなく、労働者の武装化を推進したのである。

ストライキ労働者は労働者の代表で組織される「省港ストライキ委員会」を組織し、それをストライキ闘争の最高執行機関とした。そのもとに武装糾察隊を組織し、労働者に武器を配布し、ストライキ破りがないか、見回りをさせた。いわば広州には武装した二つの権力が生まれた。一つは国民政府であり、もう一つは省港ストライキ委員会であった。武装した省港ストライキ委員会は「第二の政府」と呼ばれた。

その省港ストライキ委員会を指導したのは、いうまでもなく共産党である。委員長の蘇兆征は有名な共産党員である。ロシア革命のときに活躍した労働者評議会（ソヴィエト）のようなものだ。労働者の武装糾察隊は、共産党の武装軍隊のように映るのは当然である。省港ストライキの反帝国主義は国民党の民族性に合致し、反帝国主義、反軍閥支配の国民革命の目的に沿っていた。だから国民党にとっても好ましいことであったが、その指導権が共産党に牛耳られていることは心配の種であった。

のし上がる蒋介石

一八九四年にハワイで反清革命結社・興中会を結成し、それ以後三十年間にわたり、中国同盟会、国民党、中華革命党、中国国民党と名称は変れども、一貫して革命の前線に立っていたカリスマ・孫文が死去すると、その空白を狙って後継者争いが激しくなった。

辛亥革命以前から孫文の側近として活躍していた人々を元老と呼ぶ。元老といっても、老人ではない。せいぜい四十歳代の働き盛りである。当時、側近として権勢を振るっていたのは、汪精衛、胡漢民、廖仲愷の三人である。汪精衛はずっと官職に就かず、国民党最大の理論家として筋を通し、潔癖さに共感を抱く支持者も多かった。胡漢民は広東都督をはじめ、孫文の側近中の側近であるが、権力欲が強すぎ、必ずしも人気があったわけではない。廖仲愷は財政畑で手腕を発揮し、最後は共産党との架け橋になっていた。

広州国民政府では、三人のトロイカ方式を採用し、汪精衛が政府主席、胡漢民が外交部長、廖仲愷が財政部長となった。それに軍人としては、陳炯明の後に広東軍の最高指導者となった許崇智が軍事部長におさまった。仲良く孫文亡き後の国民政府・国民党を盛り上げるべきであった。しかし、そこに大きな亀裂が生じた。お決まりの抗争を繰り返したのである。

一九二五年八月二十日、共産党との関係が深かった廖仲愷が広州で凶弾に仆れた。国民党内部のテロである。主犯者はハッキリしなかったが、胡漢民の弟である胡毅生に暗殺嫌疑がかけられた。その結果、国民党は胡漢民をソ連へ外遊させることで、傷を最小限にとどめようとした。この事件で、一気に二人が権力闘争から転げ落ちた。一人は死去し、一人は事実上の追放である。後に胡漢民は権力の中枢に復帰するが、当時は権力レースからリタイアさせられた。

残りは汪精衛、許崇智の二人。このとき、レースの後方を走っていた蔣介石が一気にトップグループに躍り出た。廖仲愷暗殺を調査するための特別委員会が組織され、ボロディンの提案で汪精衛、許崇智、蔣介石の三人に政治、軍事、警察の全権が付与された。広州に戒厳令がしかれ、蔣介石が広州衛戍司令となり、辣腕を振るい始めた。劉健清・王家典・徐梁伯主編『中国国民党史』は次のように結論づけている。

廖仲愷事件で権力の中心は急速に瓦解し、すべての権力が新しい権力中枢——特別委員会の汪精衛、許崇智、蔣介石の三人組に集中した。この権力構造の変容過程で最も顕著な変化は蔣介石が権力中枢に躍進したということである。

蔣介石は決して順風満帆に出世したわけではない。最初の興中会が広東で組織されたこともあって、孫文の側近はほとんどが広東閥で占められている。蔣介石は浙江省出身であり、最初はさほど注目されていたわけではない。陳炯明の叛乱で孫文に忠誠心を示すことで、孫文のもとでは黄埔軍校校長に抜擢されたが、それ以上ではなかった。孫文を支える広東軍のトップは許崇智総司令であり、広東軍内部では、蔣介石はナンバー2の広東軍参謀長であった。

孫文存命中は、決して地位は高くない。国民党一全大会では、蔣介石は中央執行委員にも選ばれていない。孫文死後、国民政府が誕生すると、ようやく高いポストが与えられ始めた。この時、コミンテルンから派遣されたボロディンの影響力は強く、ボロディンはソ連視察帰りの蔣介石の軍事的指導力に目をつけたのである。

国民政府が発足すると、蔣介石は国民政府委員、国民政府軍事委員となった。しかし数ある委員の一人にすぎない。そして廖仲愷暗殺後、国民政府軍事委員会広州衛戍司令、長洲要塞司令に就任した。この頃から軍事力を背景に、実力を発揮し始めた。

だが、まだ目の上のたんこぶが存在していた。軍人のトップに二人は要らない。当面のたんこぶは、広東軍総司令の許崇智であった。新しい権力中枢の汪精衛、許崇智、蔣介石の三つ巴で、先ず許崇智と蔣介石の権力闘争が勃発した。軍部の指導権争いである。ソ連仕込みの革命軍創設という新しいスタイルを持ち込んだ蔣介石と、古いタイプの許崇智の争いは、当然ながら蔣介石の勝利に終わった。

もともと許崇智は蔣介石の上官である。許崇智には重用され、かつては兄弟の契りを結んだほどである。だが最高権力が近づくと、その恩師・許崇智排斥に乗り出した。広東軍の将校を抱き込み、軍事費の使い込みなどの罪状を掲げ、許崇智攻撃に転じた。許崇智は部下の軍隊を広州に戻そうとしたが、蔣介石は黄埔軍校の軍隊を使って阻止し、許崇智を武装監視し、広東軍の財源も差し押さえ、許崇智を孤立化した。

二五年九月十九日夜、蔣介石は許崇智の広東軍を包囲し、許崇智に広州を離れるよう手紙を出し、上海までの汽船切符を渡して無理矢理に広州を離れさせた。一種の軍事クーデターであった。こうして国民党軍事部長、国民政府常務委員会委員、国民政府軍事部長という要職を兼ねていた許崇智が上海に隠遁した。蔣介石は文字通り国民政府の軍隊を完全に掌握することとなった。

廖仲愷が暗殺され、胡漢民はソ連へ外遊し、許崇智は上海に隠遁した。残るは汪精衛と蔣介石の二人である。もちろん蔣介石の次のターゲットは汪精衛であった。汪精衛の最大の弱みは、軍部に基盤を持たないということである。もし蔣介石が勝利すれば、初めて軍人が国民党のトップに躍り出ることになる。蔣介石という軍人が政治を牛耳るか、汪精衛という文人が軍事を牛耳るか、その選択であった。

二六年一月、国民党二全大会が開かれ、蔣介石は国民党中央執行委員会常務委員会委員に選出された。孫文のもとでは得られなかったポストである。しかし蔣介石はそれに満足しなかった。汪精衛を権力の座から引き摺り下ろす画策を練り始めた。それが二六年三月の「三・二〇クーデター」である「中山艦事件」として結実した。

共産党艦長・李之龍が登場

孫文革命は最初から最後まで武装闘争であった。軍隊無くしては考えられない革命方式である。だから孫文は死ぬまで陸海軍大元帥であった。彼は軍人でなく、自前の軍隊を持っていなかった。しかしその絶大な影響力が多くの軍人を魅了し、様々な軍隊を操ってきた。時には、それが裏目に出て、軍人から手痛い仕打ちをたびたび味あわされてきた。だから軍閥との提携に共産党からの非難を受けたが、共産党ですら革命軍という軍隊の必要性を認めていた。ただ革命軍の革命軍たるゆえんの肝心な点は、あくまで政治局員が軍隊を掌握するという点である。軍人が政治を牛耳る軍人政治は排除しなければならない。

汪精衛はそれまで官職に就かない理論家である。政治的力量すらわからなかった。いわんや軍部に影響力をもっていなかった。国民革命を遂行するには、軍隊の重要性は決定的であった。その汪精衛が国民政府主席という最高ポストに就いたのであるから、軍隊に代わる基盤を確保しなければならない。当然ながら国民党の党基盤を固めればいうことはないのであるが、国民党は汪精衛、胡漢民などの権力闘争が頻繁に発生し、汪精衛が揺るぎない基盤を確保することは無理がある。そこで目をつけたのが国共合作のパートナーである共産党であった。共産党の支援、コミンテルン、ソ連の支援で、自己の権力を固めようとした。共産党も、両党を結び付けていたカリスマがいなくなると、国共合作内部における自己基盤が怪しくなる。こうした双方の思惑が一致し、汪精衛は国民党左派として共産党との結びつきを深めた。

もともとソ連共産党に猜疑心を抱いていた蔣介石は、コミンテルンの軍事的支援に期待しつつも、共産党が党内で跋扈する姿に危惧していた。共産党の若きエネルギーは黄埔軍校にも満ち溢れ、蔣介石の目からすれば、共産党に国民党、国民革命の指導力を奪われるのではないかと映った。

その共産党が汪精衛との関係を深めている。共産党排斥は汪精衛排斥でもある。一石二鳥の感はいがめない。そうした政治情勢のもと、「中山艦事件」が発生した。

中山艦と改名したときの艦長は欧陽琳であった。欧陽琳は陳炯明の叛乱時、孫文と一緒に永豊艦で戦った。一九二三年二月、黄埔で決死隊を組織して永豊艦を奪艦し、汕頭艦隊に合流した後、広州に戻り、広東第三次軍政府に復帰した。その功績で三月、欧陽琳は第七代目の永豊艦長に任命された。海軍司令・温樹徳が艦隊を率いて広州を離れたときも、それに抵抗して広州にとどまった。そして孫文死後、永豊艦は中山艦と改名し、そのまま欧陽琳が艦長をつとめた。

中山艦の共産党艦長・李之龍

広州国民政府には、軍事委員会のもとに海軍局が設けられた。初代の海軍局長はソ連から来た軍事顧問スミノフが就任したが、二六年二月にスミノフが帰国し、欧陽琳が海軍局長代理をまかされた。ところが三月十日、海軍局長ポストをめぐる贈収賄事件で職を辞して上海に去った。欧陽琳の後、李之龍が海軍局長代理兼第八代中山艦長に任命された。そのわずか十日後、李之龍は予想もしなかった「中山艦事件」に巻き込まれ、悲劇の艦長となる。

李之龍は共産党員である。煙台海軍学校に入り海軍の道を歩み出した。しかし五四運動の波を受けて海軍学校から退学処分され、二一年十二月に中国共産党に入党した。最初の活動地は武漢であり、鉄道ストライキが弾圧された有名な「二七惨案」に参加した。黄埔軍校が開かれると第一期生として入学し、学生二隊に所属した。しかし並みの学生ではなく、黄埔軍校に国民党特別党部が組織され、選挙で蔣介石と一緒に五人の執行委員に選ばれた。校長と学生が同じ執行委員の一人であった。共産党員のまま国民党員となる「跨党」の典型である。

同時に、黄埔軍校の共産党員を組織して「中国青年軍人聯合会」を結成した。いわば共産党系の派閥行動であり、国民党系軍人を刺激するような活動である。とはいえ、国民党系学生は同じように「孫文主義学会」を組織しており、いわゆる左右の対立が表面化していた。

二五年十月、李之龍は国民政府の海軍局政治部主任となり、海軍少将に出世した。そして二六年三月十日、海軍局長代理兼中山艦長に任命された。ポストに釣り合うため、海軍中将に昇格した。弱冠二十八歳の海軍中将艦長であった。もちろん国民革命軍の中では共産党員としては最高のポストであり、出世頭であった。しかし兼職が多く、公務が忙しいという理由で十四日、中山艦長職を辞し、副艦長の章臣桐を艦長代理とした。だが、その出世頭に災難が襲った。

中山艦の出動と「三・二〇クーデター」

事件は一九二六年三月十八日から始まる。蔣介石や国民党が説明する原因と、李之龍や共産党が弁明する内容が対立し、今なお謎の部分がある。南京の中国第二歴史檔案館には当時の事情聴取、報告書、供述書を集めた「鎮圧中山艦案巻」(中山艦鎮圧の文書)があり、楊天石「中山艦事件之謎」が克明に事実関係を明らかにしており、それらを総合すると、明らかにされている経緯は次の通りである。

十八日午後六時半、黄埔軍校に電話がかかった。「外洋で定安蒸気船が匪賊に襲われた。巡邏艇一隻を派遣し、兵士十六名程度で保護しなさい」。命令を受けたが、当時は黄埔軍校には艦艇はなく、派遣できなかったから、広州市内の海軍局に電話連絡し、そこから艦艇を派遣するように要請した。定安蒸気船は上海から広州への商船で、船員が匪賊と内通しており、海洋で襲われ、黄埔上流に停泊していた。その商船確保のための要請であった。

ところが海軍局代理の李之龍に電話で連絡したが、公務で外出しており、連絡が取れなかった。そこで命令を携えて自宅に赴き、相談をしようとした。李之龍夫人が応対した。三人のうち一人が「蔣校長の命令を受け、緊急事態が発生し、戦闘艦を黄埔に派遣しなければならない」と伝えた。またすでに宝璧艦は準備を終えているが、その他一隻は中山艦か自由艦が派遣可能で、どちらを派遣すればいいか、李之龍に許可を得ようとしていた。

帰宅して、事情を知った李之龍は自由艦長に相談したが、故障中で出港できないことがわかり、中山艦を派遣することとし、中山艦長代理の章臣桐に命令した。

十九日朝六時、宝璧艦が出港し、同七時、中山艦が黄埔軍校に向かって出港した。同九時には中山艦は黄埔軍校に到着し、蔣介石の指揮に入るよう求めた。

李之龍の供述では、広州にソ連使節団が視察中で、中山艦を参観したいとの申し出があり、中山艦を黄埔から広州へ戻す必要が発生した。そこで李之龍は蔣介石に電話で連絡し、中山艦を広州へ戻すことの了解を求めたところ、蔣介石が同意したので、中山艦を再び広州の海軍局へ引き返させた。

結局、中山艦は初期の目的である拉致商船の拿捕には向かわず、黄埔軍校に停泊するだけであった。これだけの事実関係で、何が問題か不明であるが、三月二十日に「三・二〇クーデター」といわれる蔣介石の共産党弾圧が始まった。

二十日、蔣介石は突然広州に戒厳令をしいた。中山艦を命令なく移動させ、叛乱を企てた罪で李之龍を逮捕した。自宅で就寝中であったところ、突然に踏み込まれたという。また各軍の党代表である共産党員を逮捕した。同時に省港ストライキ委員会を包囲し、労働者糾察隊の武器を押収した。またキサンカなどのソ連顧問団宅を包囲し、衛兵の武装を解除した。徹底した共産党弾圧である。もちろん「主役」の中山艦も拘束された。すぐに李之龍を除く共産党員は釈放され、まもなくソ連顧問団宅、省港ストライキ委員会の包囲は解かれたが、ソ連顧問団を震え上がらせた。

その後、李之龍は数奇な運命を歩む。七月にはなんと無罪放免されるが、共産党を離れた。北伐軍総政治部で工作に従事し、武漢国民政府が建立されるとそこで活動した。武漢国民政府は蔣介石と対立し、二七年四月、李之龍は「三二〇反革命政変真相」を発表して、内幕を暴露した。そこでは次のように蔣介石を批判している。

蔣介石は総理が死んだ後、領袖を継ぐ野心を抱き、常々いっていた。「一つの党には二人の領袖はいらない」。「私が総理の唯一の信徒である」。「私だけが本当に革命的である」。早くから高慢で、早くからディクテーター（独裁者）の野心を顕わにしていた。国共合作が崩壊すると、広州に潜伏して行動し、身分がばれて日本へ逃亡した。二八年二月、再び日本から広州に戻ったが国民党特務に逮捕され、二月八日、処刑・殺害された。

「中山艦事件」の謎

蔣介石は三月二十五日、軍事委員会へ次のように報告している。

本月十八日酉の刻、突然、海軍局所属の中山兵艦が黄埔中央政治学校へ到着した。教育長の鄧演達に向かい、校長の命令を奉じて本艦を派遣し、ここに待機することになった、と語った。その時、本校長は公務で広州に滞在しており、この報告を聞いて深く奇異に感じた。なぜなら、事前には本艦の派遣命令は発せられていなかったし、途中において伝達のミスも無かったにもかかわらず、本艦は武器をむき出しにし、ボイラーを燃やしながら、一昼夜にわたって学校の前に停泊したままであり、十九日夜遅く、広州に戻ったが、理由なくボイラーを燃やしつづけたからである。中正（蔣介石のこと）は政局攪乱を防ぐことが党や国家のためであると考え、迅速な処置に出ざるを得なかった。一方、海軍学校副校長の欧陽格を艦隊に派遣し、事務の一切を実行する権利を与えた。そして局長代理の李之龍を拘留し、厳重に訊問した。また他方、軍隊を広州付近に派遣し、緊急戒厳令をしき、不慮の出来事に備えた。

中国第二歴史檔案館にある原文資料では、

調査すると、ことごとく政局を撹乱し、中正を謀殺しようとする挙動が明らかになった。

と書かれ、その部分が墨で修正され、前記のような文章になっている。誰が、何故、蔣介石を「謀殺」しようと謀ったのか、それは明らかにしてはいない。ただボイラーを燃やしつづけたのは、中山艦に蔣介石を拉致し、そこで「謀殺」するためであった、といいたげである。

その後、四月二十日、蔣介石は次のように講演している。「謀殺」説に近い言い回しをしているから、少し長いが引用する。

三月十八日の夜、広東最大の軍艦である中山艦、宝璧艦の二艦が黄埔に行ったが、自分はそれを全然知らなかった。翌十九日、その名はいえないが、一人の同志が、初めて私に会ったとき、今日は黄埔に帰りますか、と訊ねたので、私は今日帰るつもりであると答えた。その後、九時か十時頃になって、その同志はまた、黄埔へ何時頃帰るのですか、と電話してきた。こうした電話が三回もかかってきたが、その第二回目のときには、私はまだ何故このような電話をするのかわからなかったが、第三回目のときには、少し変だと気づいた。それで私は、今日帰るかどうか決まっていない、と答えた。一時にならない頃、李之龍から電話があり、中山艦を広州へ回航させ、参観団に見せる準備をしたい、というので、中山艦はいつ黄埔に行ったのか、と聞くと、昨晩行きました、といった。私は黄埔へ行かせたことはないから、君が帰りたいなら帰ればいいであろう、私に聞く必要はなかろう、と答えた。

李之龍の午前の電話で、私はすこぶる変に思った。なぜなら私の命令が無いのに中山艦を黄埔へ派遣する必要があったのか。また広州へ帰るのに、何故私に聞いてくる必要があったのか。これまで軍艦を出すことについて私に聞くことはないので、李之龍に、誰が君を黄埔へ行かせたのか、と聞くと、校長の命令だったという。また教育長の命令だったという。その命令を見せて欲しいというと、電話をかけてきたから無いという。この事情はひどく漠然としている。

これはキサンカの陰謀で、この日に広州から黄埔へ帰る途中、私を捕らえて中山艦に乗せ、脅迫してウラジオストクに連れて行こうとしたのだ、という人がいるが、これについては私も完全には信じ得ない。しかしこうしたことがあっても不思議ではない。

蔣介石の説明では、コミンテルン、共産党が陰謀をたくらみ、蔣介石を「謀殺」ないしは拉致してソ連のウラジオストクに送り込むため、共産党員が指揮する中山艦を出動させた嫌疑が濃い、ということを強調しているようである。

中山艦の出動命令は、李之龍らは蔣介石の命令だと聞いたといい、蔣介石は命令していないと強調する。事実関係からいえば、拉致商船の拿捕に艦艇の出動要請があったことは確かである。その過程で、中山艦が派遣されることになり、途中で蔣介石の命令となった。本当に蔣介石の命令があったかどうかは、闇の中にある。別に共産党員が指揮する中山艦でなければならなかったわけではないが、諸般の事情で中山艦が出動すると、それは蔣介石の命令を受けて出動したということになった。もし別の艦艇が出動していたら、どうなっていたのだろうか。最初から、蔣介石が仕組んだ罠にはまったのか。蔣介石のいうように、やはり共産党の陰謀があったのか。基本的には謎である。

だが、蔣介石が共産党の陰謀説を強調する場合も、具体的な人物の名前を特定せず、しかも電話で話したことを、さも真実であるかのごとく喋っている点に、甚だ信憑性が欠けるといわざるを得ない。

結果として、様々な憶測を生む。
①最初から蔣介石が仕組んだ共産党弾圧の陰謀である。
②蔣介石は知らなかったが、蔣介石周辺が独自に仕組んだ筋書きであった。
③共産党が仕組んだ陰謀であった。

最初の説を強調するならば、直接的契機として、当時の蔣介石とソ連軍事顧問のキサンカとの激しい対立がそうさせた、ともいえる。間接的契機は、当然ながら共産党の急速な台頭に対する危機意識の存在である。

二六年二月から三月にかけて、新たに就任したソ連軍事顧問のキサンカと蔣介石の間に激しい確執があった。蔣介石の公式記録である毛思誠編『民国十五年以前之蔣介石先生』にも、たびたびキサンカ非難の言葉が記されている。『総統蔣公大事長編初稿』には次のように記載されている。

　この月（二月）共産党は北伐に反対し、百計を以て阻止しようとした。ソ連顧問キサンカは党政を牛耳って分裂を挑発する陰謀を進めた。

二月二十七日の「蔣介石日記」によれば、

　キサンカの専横矛盾、もし排除しなければ党や国家に有害となるだけでなく、中ソ友好に影響することとなる。

と汪精衛に訴えている。同三月十日には、

　近日、反蔣ビラが多く、疑我、謗我、忌我、誣我、排我、害我が段々と顕著となる。この反撃に遭遇して精神的には打撃を受けるが、志は益々堅くなった。

と記されている。この結果、楊天石は「蔣介石とキサンカの矛盾はさらに尖鋭な形として現れた」と指摘している。

二月に蔣介石は嫌気をさして軍事委員、広州衛戍司令を辞し、静養のためにソ連へ行くことを願い出た。不満が募ると直ぐに職を辞めると脅しをかけるのは蔣介石の常套手段であったが、汪精衛は慌ててとりなしに躍起となった。蔣介石は、自分をとるか、キサンカを辞めさせるか、汪精衛に迫っている。

こうした状況から、蔣介石が断固とした決意で、中山艦を利用し、反撃を試みたという説は成り立たないわけではない。日本では、北村稔の『第一次国共合作の研究』が「蔣介石計画説」を支持している。だが、李之龍は孫文主義学会系の欧陽格（海軍軍官学校副校長、前中山艦長・欧陽琳の弟）が蔣介石や反共派の西山会議派と組んだ仕業だという。楊天石の分析では欧陽格の甥である欧陽鍾が、李之龍へ命令を伝える途中で「蔣介石の命令」といい出し、「欧陽鍾が中山艦事件のカギを握る重要人物」という。蔣介石の側近であった張静江がカギであるという説もある。彼は事件後に国民党中央執行委員会常務委員会主席に選ばれているから、可能性は高い。波多野善太「中山艦事件について」では、その可能性を示唆している。

蔣介石のいうような共産党陰謀説は可能性が低い。共産党や李之龍の蔣介石「謀殺」計画であるとすれば、李之龍がわざわざ蔣介石に電話し、黄埔から広州への回航許可を願い出る必要がないからである。

主犯捜しは謎であるが、中山艦事件は歴史を大きく変えた。この結果、事実上の汪精衛失脚が起こったからである。戒厳令を発動して、共産党員を逮捕したのは蔣介石の独断専行で、汪精衛は寝耳に水であった。第一軍ソ連顧問のチェレパーノフの報告では、ソ連顧問団も同じであった。国民革命軍の軍長である朱培徳、譚延闓らはキサンカを訪れ、蔣介石を反革命と非難し、汪精衛も同調した。ところがソ連顧問団の対応は反応が異なっていた。蔣介石との決裂が国共合作の崩壊になるのではないかと恐れ、蔣介石との妥協を探った。むしろソ連顧問団が軍事権力を集中しすぎ、蔣介石や国民党系軍人の反感を買ったと反省し、蔣介石へ譲歩した。ソ連顧問団が蔣介石と妥協することを決めると、譚延闓らも反蔣介石の態度を翻した。そして勝者の蔣介石に従順した。この態度豹変に、蔣介石は皮肉ると同時に嘆いた。

事前にこの挙に反対したものが、事後には自分の言葉を金科玉条と奉る。人心の変化は何故このように早いのか。

ソ連顧問団の譲歩にびっくりした汪精衛は、三月二十一日突然、病気静養のためフランスへ出国することを願い出た。軍事力をもたない汪精衛がソ連軍事顧問団から見放されれば、蔣介石に対抗できないからである。こうして汪精衛は出国し、キサンカもロシアに戻った。蔣介石の完全勝利である。政治顧問のボロディンは関係修復に奔走した。

これで最後まで残っていた最大のライバルであった汪精衛が権力の座から転げ落ちたのであ

るから、最後に笑ったのは蒋介石である。廖仲愷、胡漢民、許崇智についで汪精衛が消え、蒋介石が権力の座に上り詰めた。二六年四月に国民政府軍事委員会主席、同五月に国民党組織部長、同六月に国民革命軍総司令、同七月に国民党軍人部長、国民党中央執行委員会常務委員会主席、国民党中央執行委員会政治会議主席に就任した。向かうところ敵なしである。

第八章　蔣介石の勝利と北伐戦争

国民党中央から共産党を排除

汪精衛を蹴落として国民党の実権を握った蔣介石は、次に共産党の牙を抜くことが主要課題となる。一九二六年五月十五日から広州で国民党中央執行委員会第二次全体会議が開催され、共産党の活動を大きく縛る「党務整理案」が通過した。

共産党は国民党にたいする言論と態度を改善するように、党員に訓戒すべきである。およそ他党の党員で本党に加入したものは、三民主義に疑問を抱いたり批判することができない。

共産党は、本党中央機関の部長および最高幹事部を担当することはできず、中央にある特別市・特別区の執行委員のうちの共産党員は、全委員の三分の一を越えてはならない。

およそ共産党および他の政党の党籍を持っていながら国民党にも加盟している党員で、もしも国民党の党綱を蔑視する言動をするものがあれば、本党は厳重にこれを糾弾し、是正するものとする。

以上のような内容を決定した。共産党員は国民党に絶対服従すべきである、という締め付けである。こうして、共産党員である組織部長の譚平山、代理宣伝部長の毛沢東、農民部長の林伯渠は相継いで職を辞した。事実上の解任、追放である。

共産党はこうした蔣介石の締め付けを黙って認めたのであろうか。公式的には、全面的に受け入れた。しかし屈辱的な攻撃であり、内情はそれほど単純ではない。共産党のなかには一戦交えるべきであるという強硬路線が存在したことは事実である。

当時、共産党の中央は上海にあった。共産党総書記の陳独秀は当然ながら上海にいた。共産党広東区委員会は国民党中枢にいた譚平山と陳独秀の長男・陳延年が指導し、他にフランス帰りの周恩来、ロシア帰りの張太雷、それに農民運動家として有名な彭湃、さらに羅亦農、惲代英など若くて血気盛んな青年革命家が結集していた。彼らは断固、蔣介石との対決を主張していた。

今では信じられないことだが、上海には広州の事件の実状が直ぐには伝わっていなかった。上海と広州は電話連絡もできず、陳独秀は対応に苦慮していた。実状を知るため、最高幹部の張国燾を上海から広州へ派遣したほどである。しかし、もともと国民党との党内合作に反対していた陳独秀であるから、合作継続には批判的であった。

当時、ボロディンも広州にはいなかった。コミンテルン、ソ連側の意思決定は、中国視察のため広州を訪れていたソ連共産党委員、赤軍総政治部主任のブブノフが中心であった。彼がキサンカなどソ連顧問団を指揮し、蔣介石と交渉に当たった。その結果、蔣介石が、今回の事件は人物の問題であり、ソ連との関係ではないと答え、ソ連との提携を継続する意思を示し、ボロディンが広州へ戻ってくるように要請した。国共合作の継続を重視していたブブノフは、蔣介石の意向を受け入れ、蔣介石と対立するキサンカの召還などを決定した。これが、後に悪名高くなる「譲歩路線」である。

ソ連顧問団の譲歩路線に批判的だった共産党広東区委員会の陳延年らの報告が届いた四月以降、上海執行部は、蔣介石の台頭に不満を持つ国民党左派を巻き込み、蔣介石打倒の運動を展開することを決めた。それは、国民党左派の武力と提携し、さらに共産党系の葉挺部隊や省港ストライキ委員会の武装糾察隊を充実させ、蔣介石の軍事力に対抗させることであった。さらに小銃五千丁で広東農民を武装させる計画も立てた。

こうして広州に戻っていたボロディンと、蔣介石打倒の武装決起を交渉した。しかし、ボロディンはモスクワのコミンテルンの意向も受けて、蔣介石との対決を認めなかった。当時の共産党とコミンテルンの関係は、当然ながらコミンテルンが上位にあり、ボロディンの決定に陳独秀ら上海執行部も従わなければならなかった。こうして共産党締め付けの「党務整理案」を共産党が受け入れたのである。

こうした譲歩路線に怒った陳独秀は、コミンテルンにたいし、共産党員が国民党から脱退することを求めた。すなわち国共合作の形態を、党内合作から党外合作へ変更するように訴えたのである。共産党員が国民党に入党するのではなく、共産党と国民党が対等に党と党が自立した形で連合すべきであると考えたからである。そうしなければ、「党務整理案」で強調されているように、共産党員は国民党と三民主義の呪縛に苦しめられ続けることになる。

このあたりについても、議論は分かれる。「誤った譲歩路線を採用した」と、やり玉に挙げられる主役が、ボロディン、陳独秀の場合が多い。ボロディンはモスクワの意向を受け、陳独秀は蔣介石との提携を継続する意思を共産党代表として発表しているからである。だが最近の研究では、陳独秀ら中国共産党が蔣介石への譲歩路線に反対していたことは明らかである。

陳独秀らの願いはモスクワに握り潰された。結果として、陳独秀も蔣介石との提携を継続する意思があることを認めた文章を発表した。こうして「中山艦事件」といわれる一連の政治ドラマは終焉した。仰々しく「中山艦事件」といわれて後世に語りつづけられているが、中山艦は一発の砲弾も発射したわけでもなく、ただ広州と黄埔を右往左往しながら、ボイラーを燃やし続けただけであった。中山艦は蔣介石派に押収され、共産党は中山艦から追放されただけでなく、国民党中央からも追放された。蔣介石は一発の銃声を轟かすことなく、中山艦を支配し、共産党を支配し、ソ連顧問団を支配し、そして汪精衛なきあとの国民党と広州国民政府を支配した。蔣介石は中山艦の出動という偶然性を利用して無血クーデターを成功させたのか、意図的に中山艦を利用したのかは、依然として謎であるが、結果としては見事な政治ドラマを演じたことだけは間違いない。

軍閥打倒の北伐戦争を開始

国民党、国民政府の主導権を掌握した蔣介石は、孫文が悲願としていた北伐戦争を開始することで、唯一の孫文の忠実な後継者として正統性を誇示しようとした。

一九二六年六月五日、国民政府は蔣介石を国民革命軍総司令に任命した。国民革命軍は、国民党の党軍である。黄埔軍校の卒業者が中心であるが、広州国民政府に結集していたのは、それ以外に広東軍、湖南軍、雲南軍、広西軍、湖北軍、河南軍などが存在していた。これら外来の各省の軍隊を統一するため、地方軍の名目を一律取り消し、国民革命軍に編成し直した。八つの軍団に再編成した。

第一軍　何応欽軍長（最初は蔣介石が軍長）黄埔学生軍と旧広東軍
第二軍　譚延闓軍長　旧湖南軍

第三軍　朱培徳軍長　旧雲南軍
第四軍　李済深軍長　旧広東軍第一師団
第五軍　李福林軍長　旧福建軍
第六軍　程潜軍長　旧広東軍
第七軍　李宗仁軍長　旧広西軍
第八軍　唐生智軍長　旧湖南軍

北伐戦争が開始されるときは八軍団約十万兵であったが、勝利するにつれて拡大し最盛期には四十余軍団、百万兵近くに膨れあがった。

国民革命軍総司令はこの軍隊の全権を掌握した。「国民革命軍総司令部組織大綱」によれば、総司令は「国民政府のもと、陸海空各軍を均しく統率する。国民党と国民政府にたいし、完全なる軍事上の責任を負う。総司令は軍事委員会主席を兼任する」こととなった。

七月一日、北伐動員令を発した。

本軍は先の大元帥の遺志を受け継ぎ、革命の主張を貫徹しようと欲する。民衆の利益を保障するためには、必ずや先ずすべての軍閥を打倒し、反動勢力を粛正しなければならない。こうして三民主義を実行でき、国民革命を完成できる。大軍を結集し、先ず湖南を平定し、武漢を奪い、さらに進軍して友軍の国民軍と合流し、中国を統一し、民族の復興を期す。

国民軍とは、北方にいた馮玉祥の軍隊を指す。広東から革命軍を出発させ、北上して長江まで進出し、さらに馮玉祥軍と協力して張作霖を中心とする北洋軍閥を一掃し、天下を統一しようという出兵計画であった。

七月九日に発表した「蔣総司令就任宣言」は、北伐戦争の意義を次のように整理している。革命の指揮は統一を必要とし、党員の義務はまず第一に服従することである。

国民革命軍といえども、すべてが蔣介石に忠誠をつくしたものではない。共産党員も多く、また軍閥的性格を脱しきれていない各省からの寄せ集め軍隊の性格が濃かった。だからなによりも統一と、蔣介石への服従を訴えたのである。

内乱の根源を追究すれば、ことごとく国際帝国主義者が、その根源をなしている。彼らは砲艦政策を頼みとし、脅迫により取得した不平等条約を保持しているうえ、わが国の関税自主権を掠奪し、わが司法の独立を妨害し、わが国全土の金融と交通を独占し、わが国の新興工業を自己の支配下におき、すべての農産物は彼らに牛耳られ、そのため商業は停滞し、民生は凋落し、かくしていたるところに匪賊がはびこり、何もかもが廃れて発展の余地がなくなった。そのうえ彼らはまた凶悪な軍閥を手先として利用し、愛国運動に迫害を加え、人民の自由を奪い取り、さらには全国の軍人を内戦と残酷な同士討ちに追いやり、わが国にたえまない内戦をおこさせ、それらを通じてわが国の政治と経済の全権を操っている。

革命戦争の目的は、独立と自由の国家を造りあげ、三民主義を基礎として国家と人民の利益を擁護することにある。したがって革命勢力を三民主義のもとに結集してこそ、はじめて軍閥ならびに軍閥の存在基盤である帝国主義を打倒しうるのである。

国民革命の主要な打倒対象が、単なる国内の軍閥政治だけではなく、むしろ強調されているのは帝国主義打倒である。国民革命は、帝国主義打倒の民族主義革命と封建軍閥打倒の民主主義革命の複合体であるといわれるが、その意義を全面に明らかにしている。そして帝国主義打倒を強調している点は、いうまでもなくコミンテルンの路線に合致する。蔣介石は、共産党の台頭に脅威を感じて「中山艦事件」を引き起こしたが、まだ北伐戦争を展開するためには、ソ連からの軍事的支援が必要であり、コミンテルンの意向に沿った主張を展開した。

蔣介石の教唆に屈した中国共産党であったが、北伐戦争に消極的ないしは反対であった。陳独秀は「国民政府の北伐を論ず」という反対論文を発表した。

国民政府の現在の任務は、もはや北伐ではなく「防禦戦争」であり、全国民衆のスローガンも、もはや北伐に呼応せよというものではなく、「革命の根拠地広東を守れ」ということである。

軍事だけでなく政治も掌握した蔣介石が北伐戦争に勝利すれば、その実績をもって益々強権化し、独裁的権力に転化することを恐れたからである。もちろん北伐戦争は敗北するというキサンカの危惧が、共産党側にも染み込んでいたのかもしれない。

この陳独秀の論文を読んだ蔣介石は激怒した。蔣介石は戦場から国民党中央執行委員会へ手紙を送り、陳独秀糾弾を要請している。

このゆるがせにできない時期に、この一文を発表することは、両党の合作の精神を破壊し、重大な影響を及ぼすことが明らかであり、あえて口を閉ざすわけにはいかない。

しかし既成事実の重みは強い。蔣介石は十万の軍隊を率いて北伐戦争に出陣し、破竹の勢いで軍閥勢力を駆逐した。呉佩孚軍が防衛する要所・武漢三鎮は四十日にわたる包囲戦を経て、辛亥革命が勃発した記念日の十月十日に国民革命軍が占領した。三ヶ月もたたない間に、唐生智が率いる国民革命軍の一部は長江流域に達したのである。

蔣介石やソ連顧問団のガレンが指揮する本隊は孫伝芳軍が防衛する江西の南昌に進軍した。十一月九日、蔣介石は南昌に入って、そこに総司令部を置いた。

この後、実は武漢と南昌が対立するようになる。どういうことかといえば、広州国民政府は武漢に遷都し、武漢国民政府を樹立した。この武漢国民政府は唐生智の軍隊を基礎にして、蔣介石に対抗するようになったからである。共産党の影響も強く、蔣介石に対抗できる唯一のスターである汪精衛をフランスから呼び戻し、武漢国民政府の主席に据えたのである。武漢国民政府は国民党左派と共産党の連合政権の様相を呈した。そして武漢では激しく蔣介石糾弾のビラが配布され、「独裁者・蔣介石の打倒！」が叫ばれた。軍権を握る蔣介石は南昌にとどまって、それに対抗した。すでに破竹の勢いを見せている北伐戦争であるが、同時に革命陣営も大きな亀裂を見せはじめた。

その最大の衝突は中国最大の都市・上海で爆発した。それが国共合作を瓦解させた蔣介石の「四・一二クーデター」である。二七年四月十二日、蔣介石が一斉に共産党への武力弾圧を開始し、共産党に蔣介石へのたちがたい憎しみを植え付けてしまった。

陳炯明の「広州六・一六クーデター」、馮玉祥の「北京一〇・二三クーデター」、蔣介石の「広州三・二〇クーデター」、蔣介石の「上海四・一二クーデター」と、当時の中国は味方が裏切るクーデターの連続であった。いつ寝首を掻かれるかわからない疑心暗鬼が漂っていた。

上海に国民革命軍が近づくと、上海では共産党が指導する労働者のゼネスト的武装蜂起が三度も敢行された。二七年三月二十一日、最後の武装蜂起が成功し、上海は国民革命軍が入城する前に、労働者の実力で孫伝芳軍を駆逐してしまった。そして上海を実力で解放した労働者、共産党は国民革命軍を迎え入れた。しかし上海の政治を支配したのは国民党や国民革命軍ではなかった。労働者や市民、産業界から選ばれた代表から構成される上海市民代表会議が三月二十二日、上海特別市臨時市政府を樹立した。『上海通史』第七巻は次のように評価している。

上海市民政府は、炸裂した国民革命を背景にした上海人民みずからが軍閥統治を覆した歴史上最初の民治政権であり、一九二〇年代に進めてきた上海市民の自治運動の最終的な成果であった。

シャンハイ・コミューンと持て囃されたほどであったが、大きな成果を手にしながら共産党自身、反革命の恐怖におびえていた。労働者へのアッピールでは次のように戒めている。

上海の労働者は現在、直・魯軍閥を駆逐し、部分的にはみずから武装し、被抑圧階級と連合して革命的民主的上海市政権の基盤を築いたとはいうものの、これらの革命の勝利の成果は常に危険な状態にあり、常に内部の妥協分子により葬られて敵に奪いさられる可能性が存在している。

その「敵」は蔣介石であった。上海特別市臨時市政府の樹立は陳独秀ら共産党および労働者運動の実力が高まったことを如実に示した結果であった。その実力に蔣介石は危機感を抱いたのである。国民党の敵は敗走する北洋軍閥軍であると同時に、台頭する共産党であると確信し、蔣介石はきっぱりと共産党との提携を放棄した。放棄どころか、敵は殺せ、という鉄則に沿って、共産党弾圧に出たのである。昨日の友は今日の敵となった。思えば、「四・一二クーデター」から始まる共産党弾圧は「中山艦事件」の総仕上げであった。

四月十二日、蔣介石は共産党中央がある上海で共産党弾圧を開始し、労働組合の総本山である総工会を襲撃した。上海は共産党員の血で染まったといわれる。こうして共産党は地下に潜らざるを得なくなった。

上海を支配した蔣介石は、次いで南京を解放し、そこに南京国民政府を樹立した。一時期、共産党と連合した汪精衛の武漢国民政府と反共に踏み切った蔣介石の南京国民政府とに分裂した。だが、蔣介石と汪精衛の対決第二ラウンドは、「中山艦事件」の結末と同じように、蔣介石の勝利に終わった。蔣介石と汪精衛が合流することになった。その過程で七月、武漢の国民政府も共産党と袂を分かち、遂に国共合作は完全に瓦解した。ボロディンたちも帰国し、共産党は厳しい時代に突入することとなった。

「南北戦争」と海軍の投降

北伐戦争とは、国民党や共産党から見た戦争名である。実は、南方の国民党政権と北方の軍閥政権との天下分け目の決戦であるから、中国の「南北戦争」であった。国民革命軍が南軍であり、張作霖などの軍閥軍が北軍であった。アメリカの南北戦争と違って、中国では南軍が勝利したため、南北戦争は南軍が唱えた北伐戦争として歴史上に定着したにすぎない。

中国の南北戦争は、南から見れば軍閥打倒の革命戦争であるが、北から見れば、ソ連や共産党と手を結んだ国民党を打倒する「反赤化」の戦争であった。

国民革命軍の北伐が始まったとき、軍事的に見れば軍閥軍の方が圧倒的に優位であった。

東北の覇者、張作霖

当時、いわゆる軍閥軍は三系統に分かれていた。直隷派軍閥の呉佩孚（兵力二十万。湖北、湖南、河南を支配）、直隷軍閥から台頭した孫伝芳（兵力二十万。江蘇、安徽、浙江、福建、江西を支配。五省聯軍総司令を自称）、そして北方の覇者である奉天派軍閥の張作霖（兵力三十五万。東北三省、北京、天津を支配）である。

単純に比較すれば、国民革命軍は当初十万であったのにたいし、北方は百万近かった。ところが、軍閥打倒の世論に支えられた国民革命軍は別々のルートから呉佩孚軍と孫伝芳軍をそれぞれ打ち破った。

敗走した孫伝芳は、張作霖と連合軍を結成することで態勢を立て直そうとした。こうして、一九二六年十二月一日、張作霖、張宗昌（奉天軍閥から台頭し、直隷、山東聯軍総司令）、孫伝芳の連合軍である「安国軍」が結成され、総司令に張作霖が就任した。直隷、山東聯軍総司令の張宗昌と五省聯軍総司令の孫伝芳が安国軍副司令に就任し、山西省の実力者である閻錫山も副司令として合流した。

張作霖は就任電で「暴民乱紀、宣伝赤化、勾結外援」を糾弾し、十二月六日の宣言でも次のように蔣介石を非難している。

共産の学説を活用するだけでなく、多くの貧民および下層社会の心理を利用し、青年学生を扇動し、激烈な暴徒となし、わが国家を攪乱している。

馮玉祥、蔣中正らは外国からの支援と結びつき、祖国の侵略を招いている。これは石敬瑭と何ら変らない。蔣中正は甘んじてボロディンの指揮を受け、石敬瑭ですらこれほどではなかった。

石敬瑭とは、契丹に燕雲十六州を譲って援助を受け、五代後唐を滅ぼし、後晋を建国した高祖で、民族的な裏切り者の代名詞である。軍閥から見れば、コミンテルン、ソ連と提携する国民党は、共産党と同じ穴のむじなである。

さて北伐戦争、南北戦争で、海軍はどのような役割を果たしたのであろうか。基本的には陸戦であるから、海軍の活躍は少ない。日本では、海軍の行動すら充分に紹介はされていない。

広州の中山艦は北伐戦争に動員されたであろうか。もともと喫水の浅い砲艦であるから、北伐に同行して北上するほどの大型艦ではない。だから広州にとどまり、広州国民政府の艦隊は活躍の場を与えられなかった。

二三年末、温樹徳に率いられて広州を離れた大型艦隊はどのようになっていたのだろうか。護法艦隊が消えて以降は、海軍の主力は北方の軍閥が支配した。温樹徳は艦隊を山東省の青島に移動させ、そこで渤海艦隊を組織し、渤海艦隊司令となり、後に海軍副司令に昇進した。

他方、護法艦隊の南下に参加せず、北洋政府にとどまっていた北洋海軍の第一艦隊（上海）、第二艦隊（南京）、練習艦隊（福建）は、北洋政府をめぐって安徽派軍閥、直隷派軍閥、奉天派軍閥が軍閥混戦を繰り広げた結果、その戦闘に翻弄された。第一艦隊司令の林建章は安徽派であり、第二艦隊司令の杜錫珪は呉佩孚の直隷派に所属していた。二二年四月、第一次奉直戦争が勃発すると、直隷派の杜錫珪は海軍を奉天派軍閥の拠点である奉天省の攻撃に派遣させようとした。ところが林建章は中立を宣言して動かない。そこで海軍重鎮の薩鎮冰を説得し、上海に停泊していた第一艦隊の海籌、海容等を第二艦隊に合流させ、北上して奉天派軍閥の張作霖軍を攻撃した。

敗北した張作霖が撤退中、途中の秦皇島で海上からの砲撃を受け、危うく列車が被弾しそうになったという。これを契機に、張作霖も海軍の重要性を認識した。

直隷派の天下となると、その功績で杜錫珪が海軍総司令に就任した。ところが二三年四月、杜錫珪に対抗する林建章は青島にいた海籌などを上海に移し、上海艦隊として独立を宣言し、上海を支配する浙江軍閥の盧永祥に近づき、武力統一に反対し、聯省自治を唱えた。盧永祥が聯省自治論者であったからだ。ところが二四年九月、第二次奉直戦争の前哨戦であった江浙戦争が勃発した。江蘇督軍・斉燮元（直隷派）と浙江督軍・盧永祥の衝突である。直隷派の杜錫珪は練習艦隊を上海に派遣し、呉淞要塞の攻撃に向かわせた。他方、林建章は第一艦隊を呉淞口防衛に当たらせた。あわや第一艦隊と第二艦隊が衝突という緊張が走ったが、盧永祥軍が敗北し、再び海軍は直隷派軍閥のもとで統一された。まさに北洋海軍は軍閥混戦で右往左往させられた。

奉天派の巨頭・張作霖は海軍に魅力を感じてなかったのか。先に指摘したように、第一次奉直戦争では海軍が直隷派を支持し、その威力を再認識した。そこで独自の東北海軍建設に乗り出した。第二次奉直戦争で直隷派の天下が終焉すると、海軍の奪い合いが始まった。勝利した張作霖はまず吉黒江防艦隊を接収した。敗北した直隷派の呉佩孚が支配していた渤海艦隊から調達し、新たに軍艦を購入したり、商船を軍艦に改装し、東北海防艦隊を組織した。

後に温樹徳の渤海艦隊も合流し、張作霖の安国軍は東北海防艦隊を第一艦隊、渤海艦隊を第二艦隊と編成替えし、北伐戦争に備えた。

吉黒江防艦隊は実現までの苦労話がある。東北三省には松花江、黒龍江、ロシア領から流れるウスリー江（アムール河）の三大河川がある。この河川流域の治安維持と防衛のため、北洋政府は一九年七月、吉黒江防艦隊の設置を決めた。第二艦隊所属の江亨（五五〇トン）、利捷

（二六六トン）など小型砲艦五隻を松花江流域の中心地・ハルビンに巡航させることとした。小型船で、遠洋航海に苦慮したが、やっとウラジオストク経由で、アムール河口の都市であるニコライエフスク（中国語で廟街、日本語で尼港）に到着した。ハルビンに行くにはアムール河を経由して松花江に入らなければならないからである。ニコライエフスクはサハリンの北端に向かい合っているシベリア北部に位置し、そこからアムール河を南下してロシア領から中国の黒龍江省に入っていく。

そこで艦隊はロシア革命後の混乱に巻き込まれた。当時、シベリアの果ては、まだロシア赤軍が制圧しておらず、いわゆる白軍が支配していた。またシベリア干渉の日本軍も駐屯し、日本艦船も停泊していた。二〇年五月、日本人多数が殺害される有名な「ニコライエフスク事件」が発生した所である。吉黒江防艦隊がハルビンへ向かうことが許されず、その軍隊とトラブルに巻き込まれたのである。十月には河川の凍結を恐れ、艦隊は強行突破してアムール河を南下したが、国境近くのハバロフスクでツアーロシアの白軍に砲撃を受け、三人の負傷者が出たため、やむなくニコライエフスクに戻り、外交交渉に委ねた。交渉が難航し、氷に閉ざされるという悲劇もあり、ニコライエフスクが赤軍に解放された後、翌年十月になって、やっと目的地のハルビンにたどり着けた。

全八隻で吉黒江防艦隊を組織した。とはいえ、五五〇トンの砲艦・江亨が最大で、後は商船

苦労してハルビンに入った吉黒江防艦隊の江亨

を改装した小型砲艦などで編成され、『中国近代海軍史』が指摘するように「吉黒江防艦隊の実力は、その量、質からみて疑いなくとても弱かった」。後、東北三省を支配する奉天系軍閥の張作霖の所属に組み込まれることとなった。

北伐戦争が始まるとき、海軍力でいえば、圧倒的に軍閥軍である北軍が強力であった。呉佩孚、孫伝芳は北洋海軍の第一艦隊、第二艦隊、練習艦隊の三大艦隊を掌握していた。張作霖は渤海艦隊、東北海防艦隊、吉黒江防艦隊を編成していた。

しかし南北戦争の初期の主要な戦場は湖南、湖北、福建、江西の陸戦であった。国民革命軍はその陸戦で破竹の進撃を見せたのである。しかし武漢を陥落させ、南京、上海など長江流域に軍隊を展開させるためには、海軍の協力を必要としていた。中山艦をはじめとした広州の艦隊は従軍していないから、北洋海軍の艦艇が軍閥支配にみぎりをつけて離脱し、国民革命軍に翻させる必要があった。

それを北洋海軍の「易幟」（のぼりを替える）という。艦艇が国民党の旗である「青天白日旗」を掲げれば、それが「易幟」である。

先ず、二六年十一月から十二月にかけて、福建省福州において第一艦隊司令で福建・厦門警備司令の陳季良が北伐軍に合流した。北伐東路軍の何応欽部隊が福建省に入り、軍閥軍を撃破していった。敗走する軍閥軍は福州に逃げ込む予定であったが、陳季良が艦艇の江元と楚同を派遣し、陸戦隊を上陸させ、福州への入城を阻止すると同時に、何応欽部隊と協力して軍閥軍掃討作戦を展開した。すでに十一月二十六日、福建・厦門警備司令部は厦門で国民革命軍との合流を決定し、海籌、海容、応瑞の大型巡洋艦をはじめ十一隻の砲艦、二隻の駆逐艦、八隻の魚雷艇などの「易幟」を決めた。慌てた海軍総長は福建・厦門警備司令部参議の逮捕状を出したほどである。

福州騒動は北洋海軍の「易幟」の前触れであった。北伐軍は呉佩孚軍を打ち破って武漢に進出した。また江西省南昌に入った蔣介石は長江流域の最大の拠点である上海奪還を目指し、孫伝芳軍と激戦していた。全体的に見れば、北伐軍が優勢であり、北洋海軍はこのまま軍閥側につくか、国民革命軍に合流するか、打算的行動を始めた。こうして蔣介石は上海にいた海軍総司令の楊樹庄に連絡をとり、南昌で決定的な交渉をもった。

楊樹庄側は①海軍経常費を確定せよ②福建は福建人に統治させよ③艦艇建造費を決めろ、という三条件を要求し、蔣介石がそれを呑んだ。後に約束通り楊樹庄を海軍総司令兼福建省府主席に任命した。こうして海軍は蔣介石の要請で楚謙、楚有、楚同三艦を長江流域の九江攻撃に合同出陣させた。二七年三月十四日、北洋海軍総司令の楊樹庄は正式に国民革命軍に合流することを宣言し、国民革命軍海軍総司令に就任した。各艦隊に「青天白日旗」を掲げるように命令した。こうして海軍の主流が反旗を翻したのである。革命派としては、海軍の南下で護法艦隊を編成して以来、久しぶりに大艦隊を掌握することとなった。

悲願の全国統一を成就

長江以南を支配した国民革命軍総司令の蔣介石は国共合作を瓦解させることで南京に国民政府を建設した。南京は孫文が最初に中華民国臨時政府を樹立したところである。いわば国民党にとってみれば、政治的聖地である。そこに中央政府を建設し、国民革命軍を再編成して北京を中心とする華北へ攻め込むこととなった。

再度北伐軍を出動させるまで約一年間、蔣介石は南京で一呼吸をおいた。その間、汪精衛の国民党左派と共産党で組織していた武漢国民政府との対立を克服する必要があった。結局、汪精衛も武漢で共産党と決別し、武漢の汪精衛が南京の蔣介石に屈服する形で南京・武漢合作が成功し、蔣介石に再び全権が集中した。

一九二八年二月、国民党は南京で第二期四中全会を開催し、蔣介石を中央軍事委員会主席、政治会議主席、国民革命軍総司令とし、国民革命軍を再編成した。

第一集団軍（蔣介石総司令）
第二集団軍（馮玉祥総司令）
第三集団軍（閻錫山総司令）
第四集団軍（李宗仁総司令）

総勢七十万。一方、北軍は張作霖を大元帥とし、次の編成で対抗した。

第一方面軍団（孫伝芳総司令）
第二方面軍団（張宗昌総司令）
第三方面軍団（張学良総司令）
第四方面軍団（韓麟春総司令）
第五方面軍団（張作相総司令）
第六方面軍団（呉俊陞総司令）

第七方面軍団（褚玉璞総司令）総勢百万を誇った。しかし、直隷派軍閥の主流であった呉佩孚軍は壊滅し、「山西王国」を築き上げていた閻錫山軍は国民革命軍に寝返り、北軍の意気は上がらなかった。

二八年四月五日、蔣介石は徐州で北伐の再開を誓った。第二期北伐戦争が開始された。ところが妨害が入った。北上のルートにあたる山東省の省都・済南に、日本軍が山東省の権益を守るという理由で立ちはだかったからである。いわゆる山東出兵である。日本軍と国民革命軍が衝突し、有名な済南事件が発生し、中国軍民六千名以上が殺害されたという。

こうした悲劇を生みながらも、軍事的には順調に北伐戦争を成功に導いた。国民革命軍が北京に迫った六月三日、張作霖は敗北を認めて奉天へ戻ることを決め、北京を撤退した。この撤退の途中、これまた有名な日本・関東軍による張作霖爆殺事件が発生した。六月四日朝、張作霖が乗る列車が皇姑屯付近の橋にかかったとき、関東軍が仕掛けた地雷爆弾に列車ごと吹き飛ばされた。

緑林（馬賊）出身で、一代の風雲児として天下に君臨した張作霖としては悲惨な最期であったが、息子の張学良が奉天軍閥を引き継ぎ、東北三省を支配した。国民革命軍が万里長城を越えて東北三省に進出することを許さなかった。

北京を占領することで、北伐出師による全国統一という孫文以来の悲願を達成できた。北京に眠る孫文の墓所に、蔣介石、馮玉祥、閻錫山、李宗仁の四巨頭が揃ってもうで、勝利の報告をした。北京を北平に、直隷省を河北省に改称した。首都は北京とせず、そのまま南京に定めた。孫文が中華民国の成立を宣言した聖地に中央政府を置くことで、孫文の後継者であることの正統性を訴える必要があったからである。

残るは東北三省の「解放」のみであったが、十二月二十九日、張学良は次のように全国に易幟通電した。

現在、国民政府の諸公は反共清党につとめ、宗旨は同じである。……先の大元帥の遺志を受け継ぎ、統一につとめ、平和を貫かなければならない。今日から三民主義を遵守し、国民政府に服従し、旗を改め、易幟することを宣言する。

張学良は日本の圧力が進む中、東北三省（いわゆる旧満州）だけが孤立することを恐れたのだ。孫文時代、国民党は張作霖とは反直隷の三角軍事同盟を提携しており、張学良が帰順すれば、まったく異議はなかった。国民政府は張学良を東北辺防総司令官に任命し、そのまま同じように東北三省の支配を認めた。実質的に軍閥統治が継続された。これが革命的統一か、極めて首をかしげざるを得ないが、とにかくこの東北易幟で、中国は南京国民政府によって統一されることとなった。

二七年に南京国民政府が誕生したとき、中央海軍の保有艦艇は四十四隻、合計三〇、二〇一トンであった。全国統一後に、五十隻、合計三四、二六一トンに増えたが、海軍の指導権は福建派の楊樹庄（海軍総司令）や陳紹寛（第二艦隊司令）等に牛耳られ、蒋介石の影響力は薄かった。中華民国海軍の特性としては、相対的に陸軍から独立し、独自の人脈を形成し、陸軍を中心とした軍人からみれば厄介な存在であった。

第九章　満州事変と蔣介石の「安内攘外」策

蔣介石の独裁に「異議あり戦争」

悲願の全国統一を達成し、軍閥打倒に成功した。北伐戦争も終了し、国民革命も目的を達成し、中国はやっと戦乱から解放され、新しい国家建設に向かって躍進するはずであった。ところがその願望は水の泡のように消え去った。

①国民党内部では、蔣介石の権力集中化に反発した権力闘争が発生し、それが単なる中央政界での争いにとどまらず、各地で反蔣介石の武装蜂起が頻繁に発生し、中国は再び戦禍に苦しんだ。いわゆる「反蔣戦争」の勃発で、再び「国民党新軍閥混戦」が展開された。

②弾圧したはずの共産党が、生き残って独自な共産党軍である紅軍を組織し、各地に革命根拠地を構築し、国民党打倒の山岳ゲリラ闘争を繰り広げた。

③蔣介石の共産党弾圧で、中国とソ連の蜜月時代が終わり、逆に関係は悪化することとなった。一九二九年に東北地方の中東鉄道をめぐる「中東鉄道事件」が発生し、中ソが戦火を交え

た。

④三一年九月、日本軍が満州事変を引き起こし、本格的な中国侵略を開始した。内戦を克服したはずの中国は、内戦以上の民族的危機に直面した。

新しく誕生した蔣介石政権は、まさに内憂外患であった。まるで「火だるま政権」である。それは軍人上がりの政治家にありがちな強引さが招いた自業自得的側面もあったが、同時に国民党というナショナリスト政権の誕生が、帝国主義国家が得ていた既成権益を犯し始めたから、東アジアの国際関係を大きく揺さ振ることとなり、その亀裂が日本の侵略という新たな外圧を呼び起こした。

国民党の内部には権力を集中する蔣介石にたいする不満が渦巻いていた。個人的な妬みから始まって政治的不満、軍事的不満、イデオロギー的不満、地域主義的不満が複雑に絡み合っていた。それらの不満が爆発したのが「反蔣戦争」である。

政治的、イデオロギー的には、国民党左派を自認する国民党最大の元老である汪精衛との宿命的対立、そして同じく元老である胡漢民との確執が中心である。軍事的、地域主義的には、東北系の張学良との複雑な提携・反目関係、北伐戦争に参加した西北系の馮玉祥、山西系の閻錫山、広西系の李宗仁との主導権争い、広東の実力者・李済深や広東の覇王・陳済棠との対立など多岐にわたる。

これら様々な政治勢力、軍事勢力が蔣介石に反旗を翻し、武力闘争に出たのだから、蔣介石もたまったものではない。だが、蔣介石も老獪であり、すべてを敵に回せば勝利できるはずはないから、お互いを対立させながら、その反対勢力から味方を引き出し、相互牽制させることで、叛乱を鎮圧させていった。反蔣介石といっても、それぞれ思惑が違い、一致団結にはならないことが多かったからである。昨日の味方は、今日の敵となるケースは日常茶飯事であった。

代表的な反蔣介石戦争をあげると次の通りである。

二九年三月の蔣桂戦争。桂（広西）軍の李宗仁、白崇禧、李済深と蔣介石の戦争である。北伐戦争で勢力を伸ばした李宗仁との確執である。蔣介石軍が勝利し、敗北した李宗仁軍はさらに粤桂（広東・広西）戦争を繰り広げた。蔣介石に味方した広東の陳済棠軍に再度敗れ、李宗仁は香港へ逃げ込んだ。

西北軍の馮玉祥は、たびたび蔣介石に刃向かった。二九年十月、西北軍将校が馮玉祥や閻錫山を擁立して蔣介石打倒に立ち上がったが、閻錫山が蔣介石に与して失敗した。ところがその閻錫山が馮玉祥、李宗仁および汪精衛らと組んで大型戦争を引き起こしたのが、三〇年五月の中原会戦である。反蔣介石軍人は汪精衛を担ぎ出し、北平（北京）に国民党北平拡大会議（北平拡大会議）を開催し、南京とは別の政権を樹立した。中原会戦は、八ヶ月も続いた天下分け目の大決戦で、動員された双方の兵力は百万以上。死傷者も三十万人にのぼった。北伐戦争が終わってわずか二年後である。

この戦争は東北軍の張学良が突然に蔣介石に味方し、膠着していた戦線が崩壊した。張学良を味方につけた蔣介石の作戦勝ちである。

それにはとどまらない。今度は元老・胡漢民が蔣介石に刃向かった。胡漢民は汪精衛との対抗関係で、モスクワから帰国した後はずっと蔣介石に協力してきた。ところが憲法に代わる「訓政綱領」をめぐって胡漢民は蔣介石に楯突いた。怒った蔣介石は胡漢民を幽閉してしまった。これには孫文と一緒に戦ってきた広東出身の国民党元老たちが一斉に激怒した。それぞれ腹には一物を抱えていながら、広東出身の汪精衛、鄧沢如、鄒魯ら元老がイデオロギー的対立関係を越えて提携し、蔣介石に追われた広東軍総司令だった許崇智、それに陳済棠、李宗仁も参加した。呉越同舟であったが、基本的には汪精衛と胡漢民の合流で、三一年五月、広州に国民党中央監察委員会非常会議（広州非常会議）を開催し、事実上の広東政権を樹立した。

その対立の最中、満州事変が勃発し、遂に蔣介石、胡漢民、汪精衛の三巨頭会談が行われ、三二年三月、汪精衛が行政院院長、蔣介石が軍事委員会委員長に就任、政治は汪精衛、軍事は蔣介石の役割分担で、対立の矛先が納まった。

わが中山艦は、この激動期、どのようにしていたのだろうか。北伐戦争には参加しなかったが、反蔣戦争では戦火が広東に広がれば、中山艦が出動することとなった。

二七年四月、上海で「四・一二クーデター」が勃発すると、広州でも激しい共産党弾圧が繰り広げられた。黄埔軍校の中にいた共産党学生は逮捕された。『黄埔軍校史料』によれば次の通り。

四月十八日朝六時、学生部隊の学生がクラブ集会場に集められ、共産党分子の二百余人が摘発され、解任されて中山艦に拘留された。

中山艦は、完全に蔣介石の意図に従う砲艦と化していた。二八年に入ると、李済深が広東省主席兼第八路軍総指揮に就任し、陳策が広東海軍司令となって、中山艦はそこに所属した。ところが、李済深が蔣介石と対立し、二九年三月に陳済棠が広東編遣特派員となり、南京で李済深が拘留されて、広東は陳済棠が支配することとなった。そして広東海軍は第四艦隊に編成され、陳策が指揮をとった。

先に見た粤桂戦争が勃発すると蔣介石を支持した陳済棠と、蔣介石に反対する李宗仁、李済深の軍隊が激突した。この粤桂戦争に広東軍の砲艦として中山艦が広西軍鎮圧作戦に動員された。その最中、中山艦は陳策に反旗を翻すハプニングをみせたが、この叛艦は失敗し、二九年五月、珠江上流で南下する広西軍に砲撃を加え、華々しい戦果をみせた。さらに翌年一月には第四艦隊が海南島に遠征し、広西軍が支配していた瓊州（海口）を占領した。

ところが今度は陳済棠が蔣介石打倒に立ち上がった。三一年五月、広州非常会議による広東政権が樹立されると、陳済棠も合流した。陳済棠は第一集団軍総司令となり、陳策の率いる第四艦隊は、広東政権に所属する第一艦隊に名称変更させられた。陳策は蔣介石寄りであり、陳済棠と陳策の対立が表面化し、いわゆる「二陳の戦」が繰り広げられた。

三二年五月、陳策は艦隊を率いて海南島の海口に駐屯し、陳済棠軍に対峙した。陳済棠軍は飛行機で艦隊を爆撃し八五〇トンの飛鷹艦を撃沈した。中山艦は広西省北海に資金調達へ向かい、アヘンなどを海口に運び込んだ。さらに珠江入り口の零丁洋で陳済棠軍の武器運搬船を拿捕して武器を強奪した。このため、陳済棠軍の空爆に遭い、香港に緊急避難した。そうすると英国のホンコン総督が武器の荷降ろしを求めたので、ほうほうの体で香港を離れるという有り様であった。

こうした転戦を繰り返した中山艦であったが、汪精衛と蔣介石の合作で南京と広州の対立に幕が降ろされると、三二年八月、中山艦は南京国民政府の第一艦隊に編入された。中山艦は上海のドックで大修理が実施され、第一艦隊に配属された中山艦は大きく変った。最大の変化は、長い広州生活を終え、次は長江流域に配属されることになったことである。広東の中山艦から長江の中山艦へ変ったのである。

中東鉄道事件で東北海軍江防艦隊が全滅

反蔣戦争が繰り広げられている時、中ソ関係が悪化する中東鉄道事件が勃発した。中東鉄道とは何か。もともと東清鉄道とも呼ばれたもので、ロシアによって建設された。いわばシベリア鉄道の延長で、黒龍江省の国境・満州里で中国に入り、ハルビンを経由して綏芬河で再びロシアに出て、ウラジオストクに到る。

ロシア革命で新しく誕生したボルシェビキ政権は、帝国主義に反対する社会主義の立場から、ツァーロシアが獲得していた在華利権をすべて放棄した。ただ一点、保留があった。それが中東鉄道の管理である。軍港のウラジオストクにつながる鉄路である中東鉄道への影響力を残しておきたかった。この結果、一九二四年の中ソ協定で、中東鉄道は中ソが共同管理することとなった。ところが国民党の全国統一のスローガンは、反帝国主義による完全な独立国家の建設というナショナリズムである。最大の目的は、関税自主権の喪失などを決めている不平等条約を改正し、半植民地状況から脱することである。

ソ連との関係では、帝国主義的な不平等条約は破棄されていたが、唯一、中東鉄道の共同管理が中国の自主権を奪うものとして、糾弾される対象であった。張学良は二九年五月、赤化宣伝を行い、鉄道の権利を独占しているという理由で、ハルビンなどのソ連領事館を捜索し、三十九名のロシア人を逮捕した。また七月十日、蔣介石の意向を受けて張学良は中東鉄道の電気施設を回収し、ロシア人従業員を追放した。ソ連は中東鉄道の強引な回収と認識し、大々的な反蔣介石運動を展開し、国交断絶となった。

コミンテルンは次のように反応した。

中国の労働者・農民の死刑執行人である蔣介石は世界帝国主義の命令に従ってソ連にたいする新たな戦争を公然と挑発しようとしている。

この時、中国共産党はソ連擁護を掲げ、蔣介石・国民政府を糾弾した。ところが、すでに共産党中央から追放されていた陳独秀は、一方的にソ連擁護を唱えるだけで蔣介石を非難することに批判的であった。中国ナショナリズムをくすぐる中東鉄道の路線回収は、一定の民族的共鳴を受ける。だからその大衆的感情を無視してソ連擁護だけを叫んでも、大衆的支持を獲得できないであろうと戒めた。だが、共産党中央には受け入れられず、創設者の陳独秀はその後に共産党から除名、追放されることになった。

共産党内にも一種の中東鉄道事件ショックが走ったが、遂にソ連軍と張学良の東北軍は武力衝突に発展した。十月、張学良の東北辺防軍八万が中ソ国境と中東鉄道各地に展開した。蔣介石は中央から一兵も送らず、可哀相なことに張学良は割の悪い戦争を押し付けられたといえよ

ソ連軍に撃沈された利捷

う。

この戦争で、東北海軍が出動した。かつての吉黒江防艦隊は東北海軍江防艦隊といわれていたが、ソ連軍の攻撃に備え、黒龍江が松花江に分かれる同江に江防艦隊を結集させた。ソ連はハバロフスクに極東特別軍を組織しており、ハバロフスクに近い河川分岐点の防衛が軍事的な要であった。

とはいえ、東北軍は何とも貧弱であった。ソ連側は九隻の艦艇を備え、河川艇としては比較的大型の一、二〇〇トンクラスを配備し、五〇〇トン以上の中型艦も四隻あった。加えて飛行機二十五機を用意していた。東北海軍側は、二〇〇トンクラスおよびそれ以下の小型艦艇五隻だけで、しかも飛行機は皆無であった。十月十二日、ソ連は九隻の艦艇と二十五機の飛行機、三千の歩兵を動員して、同江を攻撃した。

戦闘は十時間ばかり続いたが、制空権を握った空軍の爆撃に遭遇し、高射砲で二機を撃ち落したものの、中国側は五隻中、被爆して途中で撤退した利綏艦を除き、四隻とも撃沈された。苦労してウラジオストク、ニコライエフスク、ハバロフスク経由でハルビンに航行してきた利捷も、哀れ撃沈された。江防艦隊と陸戦隊の死傷者は五百人にのぼった。

その後、松花江沿岸の街・富錦で、残っていた最大の江亨艦がソ連軍と遭遇し、ソ連艦艇二隻を撃沈したものの、江亨艦も含めて全滅した。江亨も利捷と同じく、苦労してハルビンに回航した仲間であった。

これまで中華民国海軍は、そのほとんどが中国人同士の殺し合いである内戦に動員されるだけで、国防海軍としての機能をまったく発揮していなかった。その意味では、この江防艦隊の戦闘は、結末が全滅という悲劇をもたらしたが、久々の外国との戦争であった。

陸戦でも敗北した張学良は十二月、「ハバロフスク議定書」に調印し、従来通り中東鉄道を共同管理に戻した。この戦争で、国家的課題を地方権力が遂行する限界を張学良は痛感したことであろう。その事は、満州事変が勃発したとき、中央から援軍のない戦闘を放棄するに至った経緯を考えると、肯けるものがある。

外患より内憂が危険？

一九三一年九月十八日、柳条湖事件が勃発し、いわゆる満州事変〈中国では「九一八事変」と呼ぶ）に拡大されて、日本軍は東北三省（後に熱河作戦で熱河省も併合）を奪い、傀儡国家の満州国を樹立した。

この日本軍の中国侵略にたいし、蔣介石は悪名高い「不抵抗主義」で対応した。すなわち、蔣介石は前線の張学良軍にたいし、日本軍の挑発に乗らず、軍事的対決を避け、この日本軍の暴挙を国際連盟に提訴し、国際的輿論の高まりと各国の積極的な干渉で日本軍を撤兵に追い込もうという戦略だった。

軍事的には抵抗しないという意味で「不抵抗」であったが、蔣介石からみれば外交的に「抵抗」することで、自国の民族的危機を克服しようと考えた。しかし、日本軍は各地に軍隊を展開し、アッという間に東北三省を軍事的に占領した。だから手をこまねいて侵略を許した、という非難を受けた。なぜ、軍事的な抵抗を試みなかったのであろうか。国民党中央執行委員会は次のように強調している。

戦えるのに戦わないで国を滅ぼせば、それは政府の罪である。しかし戦えないのに戦って国を滅ぼせば、それは政府の罪である。軍備が整っておらないのに軽々しく一戦を交えて国を滅ぼせば、それは政府の罪である。

もちろん強調したいことは、今は日本と戦える軍事力が整っていないので、政治的に妥協しなければならないという認識である。民族的な感情で軽々しく抵抗することは、それ以上の悲劇を生むという考えである。柳条湖事件直後に開かれた国民党中央執行委員会政治会議で発言した鈕永建の苦悩がもっとも分かりやすい。

公理（皆が認める正義）というものも力が備わって初めて通じるものである。日本の東三省侵略は、長い時間をかけて準備し、おそらく公理も通じないであろう。しかし戦わなければならないとしたら、どのような方法があるのだろうか。日本は欧州経済の不況と中国の大洪水災害につけ込んで、東三省を奇襲した。われわれに力が足りず、他国も顧みる余裕がないことをよく知っている。戦わなければならないとしても、戦うことができないのである。では、われわれにどのような方法が残されているか。それは総理（孫文）が述べているような「平和的な奮闘」があるだけだ。われわれは残念ながら、現在は資金もなく、武器もない。われわれは英、露、独、仏各国と協議し、遠交近攻によって借款と武器を手に入れることができるだけである。

何とも率直な意見である。弱い国家の冒険主義は身を滅ぼすだけであるという主張だ。それは蔣介石も同じであった。問題はなぜ中国は弱くなったのかということである。

蔣介石はその原因を、中国の不統一に求めた。国民党が折角全国を統一したが、たちまち内紛でバラバラになっていることが、中国弱体の原因であるとみなした。内憂外患であるが、内憂はいうまでもなく国民党内部における反蔣戦争であり、南京国民政府のいうことを聞かない広州非常会議の存在である。それだけではない。共産党も国民党打倒の武装闘争を展開している。

この内憂を先ず克服しなければ、外患も克服できないということである。それを蔣介石は「安内攘外」戦略ということで説明した。「先に安内（国内の安定）、後に攘外（外国の排斥）」という意味で、先ず国内の分裂を克服し、強力な中央集権政府のもと、国内を安定させることが何よりも優先され、その安定した国家が誕生してはじめて国力が充実し、外国の侵略に戦える戦力を備えることができる。弱い中国も、統一して団結できれば強い中国に変身できるという論理である。

蔣介石は次のように述べている。

国民党は救国の志を立て、先ず国家を統一し、力量を集中し、しかも後方に秦檜（宋の時代の民族的裏切り者）のような漢奸をなくし、脚を引っ張ったり、中傷することがないようにして、はじめて敵の侮りを防ぐという目的を達成できるのである。

外寇は憂慮するに足らない。内匪こそ心腹の患である。

蔣介石政権に刃向かう反蔣勢力や共産党の存在こそが「心腹の患」であり、「漢奸・秦檜」であった。先ず国民党の内紛を克服し、共産党を掃討することが優先されなければならない。「憂慮するに足らない日本」とは政治的に妥協して、団結で国力が充実できれば、いずれ後で追い出せるという認識である。では本当に強力な日本軍を追い出せるか。

そこで蒋介石が考えた戦略のもう一つが「以夷制夷」戦略である。すでに鈕永建が「英、露、独、仏各国と協議し、遠交近攻によって借款と武器を手に入れる」と指摘したように、いずれ英、露、独、仏、それにアメリカのような外国（夷）が日本という夷を打ち負かすであろう、と蒋介石も強調した。

だから蒋介石は侵略した日本軍と戦うことなく、先ずは国民党の蒋介石反対派との妥協による統一を模索した。この結果、汪精衛が政治を担当し、蒋介石が軍事を担当するという妥協が成立し、蒋汪合作、南京国民政府と広州国民政府の合流が実現した。さらに残った問題として、共産党の軍事的叛乱があり、蒋介石は共産党掃討作戦を五度にわたり展開した。

蒋介石は、国際連盟が日本国を侵略者として糾弾し、制裁することで、日本軍は東北三省から撤退すると予想していた。ところが、国際連盟はリットン調査団の報告を認め、日本軍の侵略性を糾弾したものの、何らの制裁はできず、日本は国際連盟を脱退することで、初期の目的を達成した。外交的、政治的妥協で、難局を乗り越えようとした蒋介石の目論見が見事に外れてしまった。

蒋介石の「安内攘外」と「以夷制夷」という二つの戦略の組み合わせは、高度な政治戦略であったが、一歩間違えば先に見たように「不抵抗主義」として糾弾される危険性が存在していた。いわば薄氷を踏む思いで蒋介石は選択していたのであろう。それが成功するためには、国内での「内匪」を一掃できるか否にかかっていた。蒋介石は「内匪」の最たる元凶は「共匪」であると決めつけた。すなわち共産党が中国各地に革命根拠地を築き上げ、蒋介石打倒を叫んでいたからである。

共産党を根絶せよ

なぜ共産党は「共匪」なのか。国民革命時代は違和感はあったとしても共に手を携えて戦った戦友であり、革命同志であった。敵対したとしても、「匪」のレッテルを貼るのは、あまりにも不遜ではないか。

「匪」とは正統に対する異端を意味するのではなかろうか。権力が正統であれば、反権力は異端であり、即それは「匪」なのかもしれない。だが、権力は栄枯盛衰し、正統は異端に取って代わられる。一九四九年の共産党革命の成功は、まさに異端が正統になった。今度は国民党が台湾へ逃げ込んだ「蒋匪」である。

ただし、共産党は正統的権力である国民党からすれば異端であるとしても、実はこの正統と異端の両党は、極めて似た者同士であった。組織原理を共にソ連共産党に準拠しているからである。一党独裁を志向する革命政党（前衛政党）であり、委員会システムを採用し、革命軍としての党軍を持ち、党軍内部に政治局を配備した共通性を有していた。イデオロギーは異なっていたとしても、選ばれたエリートが大衆を訓導するという「賢人政治」の体質も共通していた。むしろ近親憎悪的関係が、相手を「匪」として蔑称しなければ、自己の正統性を強力にアピールできなかったのかもしれない。

国民党は党軍として国民革命軍を創設したように、共産党も党軍である紅軍を建設した。正式には「中国労農紅軍」であるが、中国共産党中央軍事委員会に所属する党軍である。いうまでもなく、現在の中国人民解放軍の前身である。設立日記念日を八月一日としているが、それは二七年八月一日、共産党による南昌武装蜂起の日とされている。上海の「四・一二クーデター」後、孤立した共産党は、共産党系の国民革命軍を各地で武装蜂起させた。いずれも失敗したが、その武装蜂起部隊から紅軍が誕生した。

中国共産党が誕生したのは二一年七月である。同時期に誕生した日本共産党などと決定的に異なる点は、早くから独自な軍事力を持ったことである。それには様々な要素がある。黄埔軍校の中に共産党員が多数参加し、共産党軍人が育ったこと。国共合作のもとで組織された国民革命軍の中に共産党系の部隊が形成されたこと。省港ストライキ委員会のもとに組織された労働者武装糾察隊は共産党が指導していたこと。農村でも陸豊・海豊コミューンなどが組織され、共産党指導による農民の武装が進んだこと。

こうして国共合作時期においてすら、事実上の軍事力を共産党は所有していた。だから蔣介石は共産党を恐れたのである。蔣介石が武装弾圧を開始したのは、国民党と共産党の武装衝突、すなわち国共内戦の幕開けであった。蔣介石の武装弾圧に対抗し、共産党も武装蜂起で応えた。

二七年夏から冬にかけて発生した共産党の有名な武装蜂起を列挙すると、次の通りである。

八月、周恩来、賀龍、葉挺、朱徳などが率いた北伐軍三万は江西の南昌を占拠し、南昌蜂起を挙行した。

九月、毛沢東が率いた労農革命軍第一師第一団は湖南・江西辺境秋収蜂起を発動し、湖南の長沙を攻撃した。

十二月、張太雷、葉挺、葉剣英らは国民革命軍第四軍教導団と労農赤衛軍を率いて広東の広州で蜂起し、広州ソヴィエト政府を樹立し、有名な広州コミューンを打ち立てた。

いずれも長期的に権力を維持できず、たちまちに国民党軍によって打ち破られたが、こうした共産党軍は潰滅させられることなく、各地を転戦して、新たな革命根拠地を探した。その中心部隊がたどり着いたのが湖南省と江西省の境に近い辺境の山岳地帯である井岡山であった。

そして有名な毛沢東軍と朱徳軍が合流する「井岡山会師」が実現した。

秋収蜂起に失敗した毛沢東は二七年十月、井岡山に逃げ込み、そこに地方政権を樹立した。

いわゆる井岡山革命根拠地の建設である。毛沢東は、そこで軍事力を保持していた地方部隊（いわゆる土匪部隊）の袁文才、王佐らと合流し、労農革命軍第一師第二団を組織した。ここで毛沢東はゲリラ戦術を駆使して、山岳地の権力を確立すると共に、土豪といわれる農村地主を駆逐し、農地を農民に与える土地革命を実施した。ゲリラ戦法の基本は次の通りである。

敵が前進すれば、味方は後退する。敵が駐屯すれば、味方は撹乱する。敵が疲労すれば、味方は攻撃する。敵が退却すれば、味方は追撃する。

そして有名な「三大規律、六項注意」（後に八項注意）が定められた。三大規律とは、指揮に従って行動する、土豪から奪ったものは公のものとする、労働者や農民のものは奪わない、という簡単なものである。注意も、進軍で農家に野宿する場合、借りた戸板や藁はもとどおり戻す、穏やかに話をする、調達する物資には必ず公平な支払いをする、というような些細な注意である。後に、女性の前で裸になって体を洗ってはならないなどが付け加えられた。

一見何でもないような決まりであるが、これによって共産党の紅軍は農民の絶大なる支持を得た。それまでの軍隊は、農民からみれば規律のない掠奪軍に映り、迷惑な存在でしかなかったからだ。はじめて農民に優しい軍隊が出現した、と感じたのである。

翌年四月下旬、南昌蜂起に参加した朱徳、陳毅率いる部隊が苦労して井岡山にたどり着いた。朱徳はもともと軍閥軍にいた生っ粋の軍人で、一時は阿片中毒にかかっていた。その後にドイツへ留学し、共産党員となって、軍事力を指揮していた。この毛沢東と朱徳の「井岡山会師」で、紅軍の主流が組織された。二八年五月、正式に中国労農紅軍第四軍が組織され、朱徳が軍長、毛沢東が党代表となった。全兵力は一万。朱徳の伝記を書いたスメドレーの『偉大なる道』は次のように記している。

はじめて会合したときから、この二人の男の全生活は、渾然一体となり、あたかも、一人の人間の両手のようになった。その後数年間というもの、国民党や外国の新聞は、この二人を「紅匪の頭目、朱毛」と書き立てたり、紅軍のことを「朱毛軍」と呼んだりした。

その後、二九年一月、井岡山を離れ、同四月に同じような山岳地帯である江西省瑞金に入った。中央革命根拠地と呼ばれるようになり、三一年十一月、瑞金に中華ソヴィエト共和国臨時中央政府が建立された。毛沢東が政府主席、朱徳が軍事委員会主席に就任した。紅軍第四軍を基礎に、各地の紅軍が集まって紅軍第一軍団に再編成され、朱徳が総司令に選ばれた。

紅軍の革命根拠地は瑞金だけではない。その他各地に革命根拠地が組織され、蔣介石・国民党の天下統一に楯突くこととなった。三〇年初頭には、中央革命根拠地を中心に全国で十三省にまたがって大小十五の革命根拠地が建設され、紅軍は総勢六万を誇った。蔣介石は、一方では国民党内部の反蔣戦争に悩まされると同時に、この紅軍の存在にも自己の正統性が傷つけられ、革命根拠地を包囲する猛烈な共産党掃討作戦を展開することとなった。「共匪の囲剿作戦」

と呼ばれたものである。それは三〇年十二月から三四年十月まで五次にわたって繰り広げられた。三一年六月から始まった第三次囲剿作戦では南昌で蔣介石みずから指揮し、三十万の大軍を動員し、瑞金を包囲した。途中に満州事変が発生し、作戦は中止となった。

三三年九月から第五次囲剿作戦が始まり、百万の大軍が瑞金の中央革命根拠地に攻め込んだ。それまで毛沢東の特異なゲリラ戦術で猛攻撃をしのいでいたが、遂に耐えきれず、三四年十月、共産党中央と紅軍は瑞金を放棄し、包囲網を突破して有名な「長征」に旅立った。長征は約一年間続いた。国民党の執拗な追撃を受けながらの逃走劇であった。悲惨な逃走であったが、結果的にその逃走は、逃走ではなく、共産党再生の新たな進軍となった。その進軍過程で紅軍は「宣伝隊」となり、革命の「種まき機」の役割を演じた。

一二、〇〇〇キロに及ぶ長征を経て陝西省延安にたどり着き、三五年十一月、中国革命の大叙事詩といわれた長征を終えた。この間、十八の山脈を越え、十七の大河を渡河し、六十二の都市や町を攻撃した。そして国民党の手が及ばない延安に新たな革命根拠地を築いた。

もちろん、蔣介石は共産党掃討を諦めたわけではない。今度は延安包囲を目指した。新たに東北軍の張学良を西北剿匪総司令に任命し、西北軍の楊虎城とともに共産党掃討を命じた。張学良の東北軍は日本の満州国建設で郷里を失い、失意のまま、西安で共産党掃討を命じられていた。本来、銃口を向ける相手は、郷里の東北三省を奪った日本軍であるはずだった。ところが同じ中国人の共産党へ銃口を向けなければならなかった。張学良は密かに延安と和議を交渉し、事実上の掃討作戦をサボタージュした。

当時、日本軍は傀儡国家である満州国を建設して東北地方を手に入れると、次は華北地方に浸透し、中国との全面戦争を用意し始めていた。この民族的危機に、蔣介石の「安内攘外」戦略は大衆的支持を失い始めていた。ナンバー2の張学良すら蔣介石の命令を聞かないほどである。全国的に「内戦停止、一致抗戦」の声が高まっていたのは当然である。

西安事件が歴史を変える

共産党の説明によれば、西安事件は次の通り紹介されている。

一九三六年十二月十二日、国民党の愛国的軍事指導者である張学良と楊虎城は「兵諫」を実行し、蔣介石を拘留した。そして全国に通電し、南京政府の改組、内戦の停止、抗日の協力、民主政治の実行を要求した。これが国内外を驚愕させた「西安事変」であり、「双十二事変」ともいわれている。

「兵諫」とは、文字通り「軍事的圧力を加えて、お諫めする」ということである。懲りずに共産党掃討作戦を指令する蔣介石に嫌気をもよおした張学良たちは、勝手に共産党と停戦していた。怒った蒋介石が西安に乗込んで、命令を聞かない張学良らを責めた。逆に張学良らは蒋介石にたいし、内戦の停止を要求した。蒋介石はこの提案を握り潰し、もし聞かないのであれば東北軍と西北軍を配置転換し、中央軍で共産党掃討作戦を実行すると脅した。張学良と楊虎城の二人は、「逼られて梁山泊に上る」思いで、「兵諫」という一種の軍事クーデターを実施し、西安・華清池に泊まっていた蒋介石を襲った。銃撃戦が始まり、蒋介石は裏山まで逃げたが、追いつめられて、逮捕、監禁された。

西安事件の主役である蒋介石（左）と張学良（右）

ある回想（商同昌「蒋拘留回憶」）によれば、蒋介石が逮捕される状況は次の通りであった。

　班長の陳至孝が蒋介石を見つけ、「蒋委員長はここだ！」と大声で叫んだ。駆けつけると、蒋介石は寝間着姿で顔面蒼白となり、手はイバラで傷つき、血が流れていた。蒋介石は陳班長に名前を聞くので「私は陳至孝です」と答えた。そうすると蒋介石は指を頭に突きつけた格好で、「陳同志、私を殺すのか！」と叫んだ。「私たちは委員長に、抗日のために郷里へ戻ることを許して欲しいとお願いするだけです。どうして委員長を殺すことができるでしょうか」と答えた。この後、蒋は口を閉じた。

少し出来過ぎた回想であるが、雰囲気はつかめよう。

張学良らは蒋介石を幽閉し、内戦停止、逮捕されている愛国指導者の釈放など八項目の要求を蒋介石に突き付けた。十二月十七日、延安から急遽、共産党の周恩来が駆け付けた。一方、張学良の叛乱にびっくりした南京の国民党は、和戦両方の意見が生まれたが、妻の宋美齢と義兄の宋子文が西安に飛んだ。そこで「内戦停止」、共産党との「聯合抗日」が話しあわれた。

共産党内部では、多くの共産党幹部を殺害してきた宿敵・蒋介石の殺害を主張する意見も強かったが、ソ連のスターリンは蒋介石のもとでの統一戦線の復活を要求したという。当時、南京の牢獄にいた陳独秀は、蒋介石の逮捕を聞き、殺害されるものと信じて乾杯したという。これで息子二人が殺害された仇をとることができたと。だが運命の女神は蒋介石に微笑んだ。

こうして蒋介石は生かされることとなり、蒋介石も「兵諫」を受け入れ、内戦を停止する約束をした。二十五日、蒋介石は解放され、やっと南京に戻った。張本人の張学良は蒋介石と一緒に南京へ戻り、そのまま五十年間にわたって幽閉され続け、歴史の舞台から消え去ることとなった。張学良は蒋介石に叛逆した罪を裁いてもらうために南京に戻ったというが、その真意は現在でも謎である。もう一人の主役である楊虎城は後に殺害された。

これが半月あまりの劇的なドラマである。この結果、第二次国共合作が誕生し、長い国共内戦の幕が下りた。それは次に始まる日中戦争における抗日戦争の幕開けであった。

思えば、国民党と共産党との出会い、喧嘩、別れ、再会という数奇なドラマの節目は、すべて「クーデター（政変）」が存在していた。孫文が最終的に「聯ソ容共」に踏み切るきっかけは陳炯明の「六・一六クーデター」であった。国共合作が対立関係から分裂へ突入するのが蔣介石の「三・二〇クーデター」と「四・一二クーデター」であった。そして第二次国共合作で抗日民族統一戦線が構築されたのが張学良の「一二・一二クーデター」であった。華南の広州、江南の上海、そして西域に近い西安と、場所は様々であるが、いずれも武装政変が中国の歴史を変えていったということが、中国近代史の性格を形作っていった。

第十章　海軍の壊滅と中山艦の悲劇的最期

充実できない中国海軍の陣容

一九三七年七月七日、北京郊外の盧溝橋で日本軍の夜間演習中に発砲騒ぎが起こり、それを契機に日中両軍が軍事衝突する盧溝橋事件が発生した。局部的な紛争にとどまらず、日本軍は中国全土に戦線を拡大し、八年にわたる日中戦争（抗日戦争）が勃発した。

この抗日戦争前、中国海軍の態勢はどのようなものであったか。『中国近代海軍史』は次のように記載している。

東北の易幟が実現し、全国統一が完成し、同時に国家の分裂、軍閥混戦の状況が収束したと宣言された。こうした客観的環境のもと、中国がもし海軍の建設を重視し、上手に計画を実施しておれば、一定期間で世界の海軍大国との距離を縮める絶好の機会であった。しかし、蔣介石は海軍を国防、外国からの侮りを防禦する武装とはみなさず、内戦や個人独裁政治の道具にしてしまった。だから海軍の水準は低かった。さらに当時の全国海軍の各派は蔣介石の直系ではなく、彼は各派の海軍を牽制し、重視するふりをしながら、すべて利用することしか考えていなかった。

全国統一が達成され、海軍の大規模な作戦も基本的には終了した。艦艇を篩い分け、古くて使えないものは処分し、新たに奪ったり投降してきた艦艇で使えるものは改名して編隊に加えた。こうした再編成を終え、艦艇総数は五十隻に増え、排水量は三四、二六一トンとなった。中央海軍の数からいっても大中国に相応しくなかったが、質的にはほとんどが建造年数の高い旧型艦艇であり、清朝時代の遺物すらある有り様だった。艦艇の装備水準や技術的性能も当時の先進国家の海軍に比較すれば、語るに及ばないほどであった。中国が遅れたすべての責任を、清朝政府や国民党政府に転嫁する歴史観で描かれているから、蔣介石には酷な評価が与えられているが、正直なところ、中国海軍はお粗末であった。次のような指摘もある。

統計によれば、一九三二年の国民党海軍（中央海軍）はただ巡洋艦、砲艦、魚雷艇四十四隻を備えただけで、清末海軍の実力にすら及ばなかった。砲艇を除けば二十七隻の軍艦しかなく、大半は旧艦で老朽化していた。しかも多くは河川用の艦艇で、遠洋には出られなかった。総トン数は三万余トンに過ぎず、日本の軍艦一隻にも及ばなかった。日本海軍の軍艦は種類も豊富で、戦闘艦、航空母艦、巡洋艦、各種駆逐艦、潜水艦、魚雷掃海艇、および各種の砲艦などを揃え、総トン数は約百万トンで、中国海軍の三十倍もあった。端的にいえば、中国と日本の海軍格差は、造船能力の違いであった。

清末、清国政府はイギリス、ドイツ、日本を中心に、海外から合計八十五隻の艦艇を購入した。中華民国に入ると、新たに外国から購入した艦艇は巡洋艦三隻、砲艦二隻、駆逐艦三隻、浅水砲艦五隻、測量艦一隻にすぎない。巡洋艦は肇和（二、六〇〇トン、英国製、一三年購入）、応瑞（二、四六〇トン、英国製、一三年購入）、寧海（二、六〇〇トン、日本製、三一年購入）の三隻しかない。それ以外の巡洋艦である海容、海籌は清末に購入した旧型艦艇であった。

日本側の記録によれば、日中海軍の比較は次のようなものであった。

◎日本側（一九三七年六月調査）

主力艦	九隻	二七万二、〇〇〇トン
航空母艦	四隻	六万九、〇〇〇トン
一等巡洋艦	一二隻	一〇万八、〇〇〇トン
二等巡洋艦	二二隻	一〇万七、〇〇〇トン
駆逐艦	一〇二隻	一二万六、〇〇〇トン
潜水艦	五九隻	七万六、〇〇〇トン
その他	七八隻	三九万五、〇〇〇トン

合計　　　　　　二八五隻　一一五万三、〇〇〇トン
建造中　　　　　三七隻
◎中国（一九三六年末調査）
巡洋艦　　　　　八隻
仮装巡洋艦　　　一隻
砲艦　　　　　　二八隻
仮装砲艦　　　　一隻
河用砲艦　　　　二一隻
駆逐艦　　　　　二隻
魚雷艇　　　　　八隻
砲艇　　　　　　二三隻
運送艦　　　　　六隻
測量艦　　　　　六隻

中国側の記録では、一九三六年の段階で、合計五十二隻、三万八、二一三トンとある。日本の記録とは若干異なる。

では、中国で建造された軍艦はどのようなものであったか。中華民国になって建造された数

は合計三十一隻。ほとんどが上海の江南造船所で建造された。巡洋艦・平海（二、六〇〇トン、三七年製造）と軽巡洋艦・逸仙（一、五〇〇トン、三一年製造）の二隻を除けば、すべて、千トン以下の小型砲艦、浅水砲艦であった。巡洋艦・平海は日本から購入した巡洋艦・寧海の姉妹艦であったが、技術水準が届かず、寧海の設計図を用いて建造され、装備された大砲等は日本から輸入したものであった。

ということは、当時の中国には一万トン以上の戦艦を建造する能力がなかったことを意味する。七万トン以上の戦艦を建造していた日本とは、まさに雲泥の差であった。

日清戦争では、結果として中国の北洋艦隊は日本艦隊に敗北したが、決して日本に劣る陣容ではなかった。しかしその後は大きく水をあけられた。中華民国以後、中国の艦艇のほとんどは国内の内戦に動員され、海防の海軍としての機能を完全に失っていた。半植民地化による産業の遅れは、海防海軍を強化する環境を作り出せなかったのである。

満州事変が勃発したとき、不抵抗主義をとった蔣介石は次のようにこぼしている。

もし絶交して開戦の口実を与えれば、わが国の陸海空軍の軍備を即座に充実させることはできないから、（日本の侵略は）沿海各地から長江流域へ広がってくる事は間違いない。三日以内にことごとく敵に蹂躪されることになる。

たった三日で中国が支配されると、中国海軍の防衛力を見限った情けない発言であるが、海軍の脆弱性を熟知していたから、蔣介石からこうした言葉が零れ落ちたのである。

制空権を失った海軍はその戦闘能力が大きく落ちる。新しく登場した戦闘機の出現に、中国海軍はどのように対応したか。一九年から三七年までに中国で製造された海軍機はわずか二十三機にすぎない。航空母艦を保有しないから、そのほとんどは水上飛行機である。教練用、偵察用であり、戦闘能力をもってなかった。二八年から三一年にかけて外国から購入した海軍機も、合計で二十機しかなく、あわせて四十機そこそこでは、中国の制空権を握ることは不可能であった。

江陰の海軍潰滅と南京虐殺の悲劇

一九三七年七月七日、すなわち七夕の日に盧溝橋事変が勃発した。日本軍は戦線を拡大していったが、翌年十月、中国の中央部に位置する武漢、および南部の広州を陥落、占領すると、戦線は膠着状態に陥った。中国では八年にわたる抗日戦争を、戦略的防禦段階、戦略的対峙段階、局部的反攻段階、大反攻段階に分ける。武漢が陥落した後、いわゆる対峙段階に突入した。それまで日本軍は中国戦線に百万近くの兵力を送り込んだが、釘付けにされたのである。

戦略的防禦段階とは、日本軍の進軍に押されて中国軍が敗北しながら後退、撤退した段階である。実際は戦略的防禦というよりは軍事的敗北であるが、その段階での大きな戦闘は次の通りである。

盧溝橋事変と北平・天津作戦、上海（淞滬）抗戦、南京防衛戦、太原会戦、徐州会戦、武漢会戦。

日本は当初「速戦速決」の戦略を考え、八年にわたる長期戦になるとは考えていなかった。ところが蔣介石は早くから長期戦を考え、首都を中国奥地に遷都し、そこで日本軍の疲弊を待ちながら、外国軍の干渉を期待していた。最終的には、悪玉・日本を各国が寄って集って叩きのめすに違いないと確信していた。まさに「以夷制夷」戦略の構築である。他力本願的な戦略である。一方、毛沢東は持久戦を唱え、同じように長期戦を展望したが、蔣介石とは少し違っていた。広大な中国という大海に日本軍を招き入れ、ゲリラ戦法で日本軍を痛めつけ、最後には中国人民の大海の中に沈めようという主張であった。最後に日本軍を叩きのめす主役が外国か中国かの違いはあっても、同じく長期戦で日本軍を疲弊させ、最後には勝利を勝ち取るのが中国であるという戦法は共通していた。

蔣介石は先ず首都・南京の防衛のため、上海戦に全力をつくした。だから北平を中心とする華北戦線の防衛には力を注がなかった。八月九日、上海で日本の上海海軍特別陸戦隊の大山勇夫中尉が殺害される大山事件が発生し、松井石根大将を司令官とする上海派遣軍が編成され、いわゆる第二次上海事変で上海攻撃が始まった。宣戦布告なき戦争であるが、上海攻撃の理由は「支那軍の暴戻を膺懲し、以て南京政府の反省を促す為」という漠然としたものであった。ところが上海攻略に手間取った。中国の防衛力は予想を上回るもので、十一月十一日まで三ヶ月も続いた。日本軍は長崎・大村基地から爆撃機を送り、制空権を握るとともに、上海爆撃を開始し、上陸作戦を遂行した。中国海軍は上海を流れる黄浦江の封鎖で対抗した。一方、当時最大の巡洋艦であるが老朽化していた海圻、海容、海籌、海琛を長江下流の江陰水道に送り込み、大胆にも老朽巡洋艦すべてを沈めて長江を封鎖した。日本艦が長江を航行して首都・南京へ上ってこれないようにするためである。江陰は、上海と南京の中間付近で、上海から長江を上ると、海のように広い長江も江陰付近で急速に河幅が狭くなる。長江を封鎖するには絶好のポイントであった。

九月二十二日、二十三日、中華民国の海軍史上最も壮烈な江陰海戦ならぬ江陰「河戦」が火を噴いた。二日間の戦闘で、日本軍は百機の戦闘機による絨毯爆撃を加え、中国側は八機を撃墜したものの空からの援助もなく、狭い長江で軍艦は回旋する余地もなく、

完全に日本機の餌食となり、主力艦艇はすべて損失し、犠牲は巨大で、これによって海軍は機動作戦能力を失った。

日本軍の爆撃は、当初は艦上から飛びたつ戦闘機にかぎられていたが、その後に長江に浮か

ぶ崇明島に新たな滑走路を建設し、そこから編隊を組んだ絨毯爆撃を可能にした。

老朽巡洋艦を沈没させて日本軍を迎え撃ったのは、平海、寧海、応瑞、逸仙の主力巡洋艦であった。いわば中国海軍の虎の子だ。二十二日、応瑞、平海、寧海が大きく損傷した。翌日、さらに激しい爆撃を受け、日本製巡洋艦の寧海は傾きながらも近くの港に逃げ込んだが、そのまま沈没した。旗艦の中国製巡洋艦・平海は航行不能となり、浅瀬に乗り上げて戦闘能力を失った。第一艦隊司令の陳季良は逸仙に乗り移って、さらに抵抗したが、遂に撃沈させられた。海軍部長の陳紹寛は駆逐艦・建康を援軍に向かわせたが、同じように日本軍の餌食となった。沈没を免れた応瑞であったが、十月二日に激しい爆撃を受け、長江の底に沈んだ。

江陰防衛戦で中国は虎の子の巡洋艦すべてを失い、事実上の海軍全滅である。いわば日清戦争のときに引き起こされた山東省威海衛における北洋艦隊全滅の悲劇が、江蘇省江陰で再現された。

日本の防衛研修所戦史室『中国方面海軍作戦』によれば、第二空爆部隊と第五空爆部隊を参加させた。六次の攻撃（第一次は艦攻十二機、艦戦六機、第二次は艦攻七機、第三次は艦攻九機、艦戦三機、第四次は艦攻九機、艦戦三機、艦爆二十六機、第五次は艦攻八機、艦戦四機、艦爆八機、第六次は艦攻六機、艦戦三機）で潰滅させた。

日本の海軍航空機は機種が「艦戦」「艦攻」「艦爆」「水偵」「陸攻」に分けられ、このとき参加した艦戦機は単座複葉機の戦闘機である。艦攻機は三座複葉機で八〇〇キロの爆弾を搭載し、艦爆機は二座複葉機で二五〇キロの爆弾を搭載していた。戦果を次のように記している。「擱座」とは座礁し、戦闘能力を喪失したことを指す。

各艦に与えた被害状況は次の通りである。

平海、六〇瓩直撃六、水中弾一〇、そのほか二航空戦艦攻隊の攻撃あり、爆破擱座

寧海、六〇瓩直撃四、水中有効弾五、大火災傾斜を起こし、戦闘力喪失、擱座

応瑞、二五〇瓩通常弾二の衝撃で損害大、使用不能

逸仙、六〇瓩一直撃、水中弾五、戦闘力喪失

そして次のように結論づけている。

数次にわたる攻撃の結果、江陰方面中国海軍艦艇はすべて擱座または大破して戦闘力を喪失し、海軍兵力としての機能を喪失した。

三七年十月十日現在の海軍大臣官房調べの中国海軍艦艇被害一覧表によれば、長江と広東の珠江における沈没ないしは作戦行動不可能の艦艇は次の通りである。

巡洋艦　平海、寧海、応瑞、海琛、海籌、海圻、二〇〇〇屯級（海容と思われる）、肇和

砲艦　逸仙、海強、江大、堅和、海虎、舞鳳

その他、特務艦三隻、駆逐艦一隻、水雷艇一隻

合計　一八隻二万四、六三八屯
中国の巡洋艦は全滅であり、総トン数で半分以上が戦闘能力を失った。残ったのは中山艦など小型の砲艦だけとなったのである。

上海攻防戦は、十一月五日、日本軍第十軍が杭州湾からの上陸に成功し、中国軍の背後に回り、遂に中国の戦線は崩れ去った。三ヶ月の激戦の後、中国最大の産業都市・上海が陥落した。次ぎは、首都・南京である。休む暇なく上海派遣軍がそのまま南京へ兵を進めた。

約一ヶ月後の十二月十三日、首都・南京が日本軍に占領された。通常なら、首都が陥落すれば、戦争は終わる。だが、長期戦を想定していた中国側は、奥へ奥へ逃げれば、簡単に白旗を掲げる必要はない。巨大な帝国的版図を有する特権である。国民政府は十一月二十日、首都を四川省重慶に移すことを発表した。長江上流で、攻め込むことは困難がある。蒋介石は南京の防衛を唐生智将軍に任せ、軍事的には武漢に後退してさらなる戦闘意欲を見せた。こうなると、「追う日本、逃げる中国」の鬼ごっこである。中国では侵略する日本人を「東洋鬼」と呼んだ。アジアの鬼という意味でなく、海の東に浮かぶ野蛮な東夷の鬼という意味である。

この「東洋鬼」は南京で悲惨な「南京虐殺」を引き起こした。捕虜の大量殺戮、婦女へのレイプという未曾有の悲劇は、大義名分なき侵略戦争の性格を余すところなく物語ってる。違法に殺害された数は数千から数万、あるいは中国が公式的に主張する三十万まで、様々な主張が唱えられているが、当時の南京国際安全区で難民の救済にあたっていた外国人が残している多くの記録（ラーベ日記、マギー日記、ヴォートリン日記など）を見れば明らかなように、間違っても「南京虐殺はまぼろし」とはいえない。

南京国民政府は南京から去った。ものの抜け殻となった南京を占領した後、さらに逃げる国民党政府を追っかけ、武漢へ攻め込むこととなる。武漢は武漢三鎮といわれ、行政の街・武昌、商業の街で外国租界がある漢口、工業の街・漢陽からなる。そのど真ん中を長江が横切っている。「九省通衢」（九省に通じる要所）といわれ、中国のへそ的位置にある。辛亥革命も武昌蜂起でここから始まった。国民革命時代、武漢国民政府があったところだ。

日本では漢口攻略作戦と呼ばれるが、長江途中の安徽省安慶を占領した後、本格的な武漢侵攻が始まった。一九三八年六月から武漢会戦（漢口作戦）が始まり、中国は第九戦区（司令長官・陳誠）と第五戦区（司令長官・李宗仁）の合計五七軍団一二九師団約一〇〇万の兵を配置した。「抗日戦争史上、参戦人数は最多、規模も最大、地域も大規模、そして戦闘も最も激烈な防衛戦争」であった。

三八年九月に作成された「武漢会戦作戦計画」は次のように目的を明らかにしている。

国軍は自力更生の持久戦を目的とし、敵の兵源及び物資を消耗させ、敵を苦境に陥れ、その崩壊を促すように作戦を指揮する。

すでに国民政府を重慶に移しているから、何がなんでも武漢を死守しなければならないわけではない。徹底抗戦しながら日本軍を虐め尽くし、消耗させて後退すればいい。長期戦、持久戦に備えた兵力は温存しなければならない。三ヶ月の戦闘を経て、日本軍は十月二十七日、武漢三鎮を制圧した。

これで日本軍の快進撃は一段落した。日本軍と中国軍が正面から激突する「正面戦場」は消え去った。「正面戦争」からゲリラ戦争へ舞台が移る。国民党は重慶に立てこもり、そこで抗戦態勢を固めた。共産党軍は各地に建設した革命根拠地で日本軍を悩ますゲリラ戦術を駆使して、日本軍の消耗を待った。

中山艦が散る

一九三二年八月、中山艦は南京国民政府の海軍第一艦隊に所属することとなった。一四一名による編成で、基本的には長江警備である。だが、例外的に福建省などに派遣された。それは反蔣介石運動を鎮圧するためである。三三年十一月、蔣介石に反対する福建人民政府事件（福建事変）が発生した。満州事変が飛火した第一次上海事変のとき、英雄的に抗戦した国民革命軍第十九路軍の蔣光鼐、蔡廷鍇らが、福建省福州で蔣介石と対立する李済深、陳銘枢らと提携し、国民政府に代わる「中華共和国人民革命政府」の樹立と「内戦停止、抗日反蔣」を唱えた。国民革命軍第十九路軍の蔣光鼐、蔡廷鍇は、当時日本と戦った愛国軍人の民族英雄であった。同時に共産党と反日反蔣の初歩的な協定を結んだ。そして「人民権利宣言」を発表し、出版、言論、結社、集会、ストライキの自由を許した。この福建事変に驚いた南京国民政府は鎮圧軍十五万を派遣した。そのとき、中山艦も叛乱鎮圧に動員されている。中山艦の役割は海路を絶つことである。厦門では五万の第十九路軍との戦闘に参加した。この結果、三四年一月、福建人民政府は崩壊した。

三六年六月、広東の実力者・陳済棠と広西の実力者・李宗仁、白崇禧らが「両広事変」を起こした。広東派の最元老であった胡漢民が死去すると、蔣介石は広東、広西に圧力を加えた。このため国民党西南執行部と西南政務委員会は「抗日救国」を叫んで「抗日救国軍」を組織した。事実上の反蔣挙兵である。このとき、中山艦は西江艦隊第二隊として、古巣の広東へ南下した。しかしこちらは本格的な戦闘に至らず、李宗仁と蔣介石の政治的妥協が成立し、九月には終息した。

この時期、中山艦の役割は、悪くいえば蔣介石の手先として、反蔣介石運動の鎮圧に動員させられるにすぎなかった。考えれば、陳炯明の叛乱で蔣介石が永豊艦に駆けつけて以来、中山艦は蔣介石と切っても切れない関係を結んだ。むしろ「中山艦」よりも「中正艦」(中正は蔣介石の号）と名乗ったほうが相応しいのかもしれない。

日中戦争が始まると、中山艦は長江で防衛線をはった。しかし江陰の惨事には参加していない。江陰の戦いでほとんどの巡洋艦を失ったが、その他に中山艦の姉妹艦として日本で造られた永翔艦、さらに同安艦などが渤海湾で沈没、巡洋艦・肇和などが南海海域で撃沈させられていた。三八年に入ると、中国海軍は約三分の二を失い、改編する必要が生まれた。

三八年二月、海軍総司令部が武漢上流の岳陽に設置された。元海軍部長の陳紹寛が海軍総司令に就任し、第一艦隊、第二艦隊に編成し直した。中山艦は第一艦隊に所属したが、巡洋艦は全滅したから、十七隻からなる第一艦隊の主力艦であった。千トン以下の砲艦が主力艦とは情けないが、とにかくそれ以外に無いのであるから仕方なかった。中山艦長は十三代目の薩師俊。彼は清末から民国初期に活躍した薩鎮冰（海軍提督、海軍総長、海軍総司令、福建省長など歴任）の甥の子であるから、海軍屈指の名門の出身である。

中山艦は武漢防衛戦に動員されることになる。海軍総司令部がある岳陽は長江に面し、湖南省と湖北省の省境に位置する。少し下ると武昌郊外の金口鎮があり、さらに下れば長江が武昌と漢口を分ける武漢へ入る。中山艦はその岳陽流域を防衛していた。

武漢防衛戦、すなわち漢口攻略作戦が激しさを増している十月二十四日、武昌郊外二十四キロの金口鎮付近に展開していた中山、楚謙、楚同、勇勝、湖隼などの艦隊を日本の第十五航空

一一二

(ハ)爆撃時刻ニ約五百屯ノ砲艦一隻国軍艦ニ寄ヲ寄艦上ニ在ス

五、艦爆三機（北村予少尉）黄坡方面ノ敵兵攻撃一三三〇発進一六三五帰着 黄坡西方ノ部落、敵兵及新基附近ノ野砲部落ノ敵兵ヲ爆撃、黄坡附近ノ敵兵甚大ナル損害ヲ與フ。爆撃ニ依リ家屋数軒粉砕、敵兵約百名ヲ斃シ銃撃ニヨリ約二百名以上ヲ斃ス

(イ)第六師団第一線ハ戦車隊（戦車十九台）ヲ先頭トシ一四三〇頃新基西方ニ達シ猛進中

(ロ)黄坡渓ニハ避難民南行ス（敵兵所々ニ混入セルモノアリ）黄坡附近一帯ニ約二千名ノ敵兵ナルモ所々ニ点在シアリ、敵兵ハ全然戦意ナキモノノ如シ

六、艦爆六機（奥大尉）中山型砲艦攻撃一四四五発進一七一〇帰着、猛烈ナル機銃射撃ヲ冒シ果敢ナル爆撃ヲ敢行金口鎮附近ニ於テ中山型ヲ撃沈ス艦尾艦側ニ六番直撃一、艇搭載ニアリシ直撃弾一（大火災ヲ起ス）、救助艇ニ乗ジヨリ逃ゲントスル数十名ヲ銃撃シ殲ス

(イ)艦尾部直撃弾ニ依リ浸水シ始メ間置動ヲナシ艇搭載直撃弾ニヨリ大火ヲ生ズ

(ロ)敵機銃員ハ至近弾ニ依ル水柱ヲ蒙リツツ、勇猛ニ反撃ス

七、艦攻三機（北島中尉）陽羅方面攻撃一四五〇発進一七四五帰着、攻撃目標ヲ変更シ熾烈ナル高角砲火ヲ冒シ白滸山高角砲台ヲ爆撃莫大ナル損害ヲ與フ、高角砲群ニ六番九弾命中高角砲約五門及火工品ヲ粉砕破壊炎上セシム（弾着所砲台附近大火焔ヲ挙ゲ爆発ス）、白滸山ニハ約七門程度ノ高角砲アリシモノノ如ク攻撃当時七門ノ一斉射ヲ受ケタルモ爆撃后ニ門ヨリ数発ノ射撃ヲ受クルノミ

(ハ)白滸山対岸ニ高角砲（又ハ大型機銃）約三門アリ（王家店西方）

中山艦撃沈状況を伝える軍事記録（防衛研究所蔵）

隊が発見し、猛攻撃を加えた。

防衛研究所に残されている「漢口攻略作戦第十五航空隊戦闘概報等」が唯一の中山艦攻撃状況を伝える資料のようである。

第十五航空隊は漢口攻略作戦支援のため編成された艦爆、艦戦の航空隊で、漢口陥落により解隊した。活躍期間半年の短期間であったので、この間の記録は今まで殆ん ど見当らなかった。

と、史料にはコメントがなされている。

第十五航空隊は四個中隊二十五機で編成されていた。十月二十四日の項目に、次のように報告されている。文中、「中山型砲艦」とあるのは中山艦を指す。

艦爆六機（井上大尉）粤漢線鉄橋攻撃。〇九二〇発進、一二一五帰着。猛烈なる地上砲火を冒し、蒲圻鉄橋を爆撃、次で嘉魚附近江上の中山型砲艦銃撃、甚大なる損害を与ふ。爆撃（二五番連）命中弾一、至近四弾、銃撃効果不明。

敵艦中山型は船尾に煤けたる小なる青天白日旗を掲げ、後艦橋は「マントレット」をなし、下江中。

艦爆機六機に次いで艦攻機三機が攻撃した。

艦攻三機（渡辺大尉）嘉魚附近を中山型砲艦下江中との情報に依り、攻撃の為一二〇〇発進、一四四五帰着。天候不良（細雨気流不良）加ふるに猛烈なる機銃砲火を冒し、隔口附近に於て中山型の爆撃を敢行。相当の損害を与ふ。艦首に有効弾一。

敵艦は速力を増減し、巧に回避運動を行ふ。偵察中は航進し、爆撃侵入前一時停止、爆撃針路に入るや全速にて航行す。

最後は艦爆機六機によるトドメである。

艦爆機六機（亀大尉）中山型砲艦攻撃。一四四五発進、一七一〇帰着。猛烈なる機銃射撃を冒し、果敢なる爆撃を敢行。金口鎮附近に於て、中山型を撃沈す。左後尾舷側に六番直撃一、艦橋右寄りに直撃弾一（火災を起す）。救助艦二隻により逃げんとする数十名を銃撃で滅す。

左後部直撃弾に依り浸水し始め、円運動をなし、艦橋右直撃弾により火災を生ず。

敵機銃員は至近弾に依る水柱を蒙りつつ勇猛に反撃す。

この記録によれば、先ず井上文刀大尉の「艦爆二中隊」六機が中山艦を発見し、爆撃した。その連絡を受けた渡辺初彦大佐の「艦攻機隊」三機がさらなるダメージを加え、最後に亀義行大尉の「艦爆一中隊」六機が撃沈したということである。延べ十五機の襲撃を受けたということになる。

おおむね午後四時半頃、中山艦は沈没した。当時乗員は九十九名で、死者二十五名、負傷者

引き揚げられた痛々しい中山艦

修理・復元した中山鑑

二十二名、行方不明数名。この数は、艦艇としては抗日戦争中最大の犠牲者数であったという。死者のなかには艦長の薩師俊が含まれる。中山艦が左舷に四〇度傾いて沈没しかかったときも、最後まで艦長はデッキに立って指揮した。すでに傷を負って血が流れており、離艦を勧められたが、断って逆に負傷兵が早く離れるように命令した。

皆はすべて艦を離れ、医者の手当てを受けなさい。私は艦長である。その職責上、艦と運命を共にする。一歩も離れることはできない。

生存者については、付近の漁船が救助し、岸にたどり着いた。三分の一近くが命を落としたことになる。中山艦の最期から三日後、武漢が陥落した。こうして長江中流域は日本軍の支配するところとなった。

おわりに

短期的な「支那事変」で終わる予定だった日本側の目論見と違って、日中戦争は中国側の戦略通り長期戦（持久戦）となった。中国では「抗日戦争」あるいは「八年抗戦」と表現する。中国でいう「中日戦争」とは日清戦争を指し、日中戦争を「抗日」「抗戦」と表現するのは、日本軍の「侵略に抵抗した戦争」という歴史認識であるからだ。

盧溝橋事変から四年後、真珠湾の奇襲を発端に日米戦争が勃発し、第二次世界大戦の一翼に加わった。「アジアの解放」を標榜する「大東亜共栄圏」の建設を掲げて東南アジアからビルマ戦線まで拡大し、今では「アジア・太平洋戦争」と呼ばれる悲劇へ突入した。悲劇は一九四五年八月、日本の敗戦という結末で終わったが、日本では誰もがアメリカに敗北したと思い込み、中国に敗北したという意識は薄い。蔣介石が予想したように、悪玉・日本はアメリカ、ソ連などに寄って集って痛めつけられ、挙げ句の果ては広島、長崎に原爆を投下され、ポツダム宣言を受け入れさせられた。

長崎はこの戦争の主役の一角であった。中国の悲劇のヒーロー・中山艦を建造しただけでなく、戦艦武蔵をはじめ航空母艦の大鷹、隼鷹、天城、笠置を建造して、長崎は積極的に戦争へ協力した。真珠湾でアメリカ艦艇を撃沈させた魚雷は長崎製であった。そしてトドメの一発を落されたのも長崎である。日米戦争でいえば、真珠湾で長崎製魚雷が幕を開け、長崎の原爆投下で幕を閉じた。だから長崎の原爆投下を、中国側は「因果応報」という。戦争加害者の長崎が受けた「当然の報い」といいたいのであろう。

中国の歴史書は、日本軍の侵略を打ち破ったのは中国の英雄的抗戦であるという。だから、この中山艦の最期は「不屈の民族魂」を発揮した英雄的な犠牲であったと語り継がれている。こうした数多くの英雄的犠牲の上に、新中国が誕生したというのだ。

中山艦は一九一二年の進水式から三八年の撃沈まで、二十七年の歴史しかしるさなかった。しかし、その歴史はあまりにも豊富な中味を持っていた。『中山艦風雲録』は次のように結論づけている。

広州における孫文の受難を守ったことが永豊艦を中山艦と改めさせ、中山艦を一代の名艦、英雄艦とならしめた。金口殉難は中山艦を再び名艦、英雄艦に祭り上げた。

とはいえ、「名艦」「英雄艦」と褒め称えられる中山艦であったが、軍事的に活躍することは少なく、むしろ政治に振り回された生涯であった。それは、中華民国の歴史が政治と軍事が不可分であったことの証明である。その意味で、砲艦・中山艦の歴史はもう一つの中華民国の政治史でもあった。

だから次のように言い切ることが許されよう。中華民国の政治史は、内憂外患のもとにおける激しい権力闘争史であり、同時に生きるか死ぬかの武力闘争史の積み重ねでもあった。最初は孫文の革命派×袁世凱の北洋軍閥から始まり、軍閥同士の激しい戦争が繰り広げられた。安徽派×直隷派、直隷派×奉天派。国民革命における国民党×北洋軍閥の北伐戦争は、その後に蔣介石派×反蔣介石派、国民党×共産党の内戦を生んだ。実は共産党内部でも陳独秀派×コミンテルン派、二十八人のボルシェビキ派（ソ連留学組）×毛沢東の土着派など、同じような死闘が繰り広げられていた。

全体の大きな流れとしては、中国の近代史は革命史であり、帝国主義列強の侵略に苦しみ、抵抗し、勝利した民族闘争史であることは否定できない。抗日戦争における持久戦の勝利と、戦後の国共内戦における共産党の勝利とが、その革命史観の正統性を決定づけた。

だが、永豊艦・中山艦が経験してきた政治闘争史は、それほど華麗な革命史ではなく、理想やイデオロギーと権力欲、パワーゲームが複雑に絡み合った産物であるといえよう。理想やイデオロギーが美しく、権力欲が醜いという、薄っぺらな歴史観では描ききれない壮絶さを秘めている。それは中山艦の歴史だけでなく、比較的独立傾向が強かった中国海軍の歴史も同じような壮絶さを体験した。

四九年以降の社会主義中国でも、社会主義建設のあり方をめぐって、毛沢東派の理想主義と劉少奇派の現実主義が衝突し、文化大革命という内戦をもたらした。鄧小平の脱社会主義路線も、自由と民主をめぐる天安門の流血惨事をもたらした。中国においてはどのような権力も、自己の支配を絶対化する正統性を強調しなければ中華世界を一つにまとめようとする「大一統」の理念は実現しない。しかし中華帝国は多様性のなかの統一であり、正統的統一を強調すればするほど、たえまなく異端の挑戦が続く。

中山艦が翻弄された歴史は、まさに正統と異端の衝突であり、むしろその衝突が中国政治史を多様に彩ったのである。

＊　＊　＊

本書は長崎で執筆した。恥ずかしいことに、長崎の大学に赴任して、中山艦が長崎で建造されたことをはじめて知った。中華民国の政治史を研究してきたものとして、是非とも長崎生まれの砲艦の歴史をまとめたいと思い、資料をあさり、武漢で修理中の中山艦を訪れた。その過程で、日本ではほとんど海軍史が紹介されていないことを痛感した。そこで、中山艦の歴史を縦糸に、政治闘争史、海軍史を横糸に紡ぎあげてみた。

訪れた三菱長崎造船所史料館で建造記録をいただき、中山艦最期の記録は、学友である防衛研究所戦史部・伊藤信之君のお世話になった。出版事情が厳しいなか、出版を快諾された汲古書院の石坂叡志さんに感謝したい。

二〇〇二年六月　長崎で平和を祈念しながら

横山宏章

【参考資料】

『清末海軍史料』上下、海洋出版社、一九八二年
『中華民国海軍史料』上下、海洋出版社、一九八六年
姜鳴編著『中国近代海軍史日誌』生活・読書・新知三聯書店、一九九四年
蘇小東編著『中華民国海軍史事日誌』九洲図書出版社、一九九九年
呉杰章・蘇小東・程志発主編『中国近代海軍史』解放軍出版社、一九八九年
胡立人・王振華主編『中国近代海軍史』大連出版社、一九九〇年
包遵彭『中国海軍史』上下、中華叢書編審委員会、一九七〇年
湯鋭祥『護法艦隊史』中山大学出版社、一九九二年
戚俊杰・劉玉明主編『北洋海軍研究』天津古籍出版社、一九九九年
戚其章『晩清海軍興衰史』人民出版社、一九九八年
謝忠岳編『北洋海軍資料匯編』上下、中華全国図書館文献縮微復制中心、一九九四年
張玉田・陳崇僑・王献中・王占国編著『中国近代軍事史』遼寧人民出版社、一九八三年
皮明麻・呉勇・鄭自来・王継挺編著『中山艦風雲録』武漢出版社、一九九八年
陳明福編著『中山艦沈浮紀実』海潮出版社、二〇〇〇年

呉徳才『中山艦長李之龍』中国青年出版社、一九九〇年
『孫中山全集』全十一冊、中華書局、一九八一〜一九八六年
羅家倫主編『国父年譜』上下、中国国民党中央委員会党史史料編纂委員会、一九六九年
陳錫祺主編『孫中山年譜長編』上下、中華書局、一九九一年
尚明軒・王学庄・陳明綜編『孫中山生平事業追憶録』人民出版社、一九八六年
『孫中山三次在広東建立政権』中国文史出版社、一九八六年
段雲章・邱捷『孫中山与中国近代軍閥』四川人民出版社、一九九〇年
中国第二歴史檔案館編『中国国民党第一、二次全国代表大会会議資料』上下、江蘇古籍出版社、一九八六年
『中国国民党職名録』中国国民党中央委員会党史委員会、一九九四年
『陸海軍大元帥大本営公報選編』中国社会科学出版社、一九八一年
『中華民国時期軍政職官誌』上下、甘粛人民出版社、一九九〇年
中国第二歴史檔案館・雲南省檔案館編『護国運動』江蘇古籍出版社、一九八八年
『中共中央文件選集』全十八冊、中共中央党校出版社、一九八九〜一九九二年
于俊道編著『中国革命中的共産国際人物』四川人民出版社、一九八六年
中共中央党史研究室第一研究部訳『聯共(布)、共産国際与中国国民革命運動』全五冊、北京図書館出版社、一九九七年
中国社会科学院馬列所、近代史研究所『馬林与第一次国共合作』光明日報出版社、一九八九年

向青・石志夫・劉徳喜主編『蘇聯与中国革命』中央編訳出版社、一九九四年
『共産国際与中国革命資料選輯』人民出版社、一九八五年
任建樹・張統模・呉信忠編『陳独秀著作選』全三冊、上海人民出版社、一九九三年
任建樹『陳独秀伝』上、上海人民出版社、一九八九年
唐宝林主編『陳独秀研究文集』新苗出版社、一九九九年
『総統蔣公思想言論総集』全四十冊、中国国民党中央委員会党史委員会、一九八四年
毛思誠編『民国十五年以前之蔣介石先生』復刻版、龍門書店、一九六五年
『蔣介石年譜初稿』檔案出版社、一九九二年
「蔣介石日記」中国第二歴史檔案館所蔵
楊樹標『蔣介石伝』団結出版社、一九八九年
王俯民『蔣介石伝』経済日報出版社、一九八九年
厳如平・鄭則民『蔣介石伝稿』中華書局、一九九二年
宋平『蔣介石生平』吉林人民出版社、一九八七年
『陳潔如回憶録全訳本』上下、伝記出版社、一九九二年
広東革命歴史博物館編『黄埔軍校史料』広東人民出版社、一九八二年
『黄埔軍校史稿』全十二冊、檔案出版社、一九八九年
張静如主編『北伐戦争』上海人民出版社、一九九四年
亜・伊・切利潘洛夫『中国国民革命軍的北伐』中国社会科学出版社、一九八一年

高郁雅『北方報紙輿論対北伐之反応』学生書局、一九九九年
劉健清・王家典・徐梁伯主編『中国国民党史』江蘇古籍出版社、一九九二年
李雲漢『中国国民党史述』全五冊、中国国民党中央委員会党史委員会、一九九四年
張憲文主編『中華民国史綱』河南人民出版社、一九八五年
張玉法『中華民国史稿』聯経出版事業公司、一九九九年
段雲章・倪俊明編『陳炯明集』上下、中山大学出版社、一九九八年
段雲章・陳敏・倪俊明『陳炯明的一生』河南人民出版社、一九八九年
李睡仙「陳炯明叛乱国史」呉相湘主編『中国現代史叢刊』第二、三冊、正中書局、一九六〇年
中共広東省委党史研究委員会弁公室・広東省檔案館編『中山艦事件』、内部刊行物、一九八一年
毛思誠「鎮圧中山艦案巻」中国第二歴史檔案館所蔵
楊天石『尋求歴史的謎底』首都師範大学出版社、一九九三年
『四・一二反革命政変資料選編』人民出版社、一九八七年
張廷貴・袁偉『中国工農紅軍史略』中共党史資料出版社、一九八七年
『西安事変親歴記』中国文史出版社、一九八六年
中国青年軍人社編著『反蔣運動史』中国青年軍人社、一九三四年
張憲文主編『抗日戦争的正面戦場』河南人民出版社、一九八七年
中国第二歴史檔案館編『抗日戦争正面戦場』江蘇古書出版社、一九八七年
横山宏章『孫中山の革命と政治指導』研文出版、一九八三年

横山宏章『孫文と袁世凱』岩波書店、一九九六年
横山宏章『陳独秀』朝日新聞社、一九八三年
西村成雄『張学良』岩波書店、一九九六年
野村浩一『蔣介石と毛沢東』岩波書店、一九九七年
北村稔『第一次国共合作の研究』岩波書店、一九九八年
波多野善太『中国近代軍閥の研究』河出書房新社、一九七三年
A・スメドレー（阿部知二訳）『偉大なる道』岩波書店、一九五五年
石島紀之『中国抗日戦争史』青木書店、一九八四年
陳潔如（加藤正敏訳）『蔣介石に棄てられた女・陳潔如回想録』草思社、一九九六年
丁秋潔・宋平編（鈴木博訳）『蔣介石書簡集』上中下、みすず書房、二〇〇〇、二〇〇一年
日本国際問題研究所中国部会編『中国共産党史資料集』全十二冊、勁草書房、一九七〇～一九七五年
参謀本部編纂『明治二十七八年日清戦史』全六冊、東京印刷株式会社、一九〇四年
防衛庁防衛研修所戦史室『中国方面海軍作戦〈1〉』朝雲新聞社、一九七四年
「漢口攻略作戦第十五航空隊戦闘概報等」防衛研究所戦史室所蔵
『三菱長崎造船所史』一、三菱造船株式会社長崎造船所職工課、一九二八年
『三菱長崎造船所史』続篇、西日本重工業株式会社長崎造船所庶務課、一九五七年
『創業百年の長崎造船所』三菱造船株式会社、一九五七年
「長崎造船所年報」三菱重工業長崎造船所史料館所蔵

長崎県警察史編集委員会編『長崎県警察史』上巻、長崎県警察本部、一九七六年
『嚮導週報』
『鎮西日報』
『長崎日日新聞』
『THE NAGASAKI PRESS』

著者紹介

横山宏章（よこやま　ひろあき）

1944年　　山口県下関市生まれ

1969年　　一橋大学法学部卒業

1978年　　一橋大学大学院法学研究科博士課程退学

1982年　　法学博士（一橋大学）

1969～72年　朝日新聞社記者

1978～98年　明治学院大学法学部講師・助教授・教授

1999年～　　県立長崎シーボルト大学国際情報学部教授

著書　『孫中山の革命と政治指導』研文出版

　　『孫文と袁世凱』岩波書店

　　『中華民国史』三一書房

　　『中華民国』中央公論社

　　『陳独秀』朝日新聞社

　　『中国を駄目にした英雄たち』講談社、その他

現住所　852-8126　長崎市石神町10-8-204

汲古選書32

中国砲艦『中山艦』の生涯

平成十四年八月　発行

著　者　横　山　宏　章

発行者　石　坂　叡　志

印刷所　中台整版　モリモト印刷

発行所　汲　古　書　院

〒102-0072 東京都千代田区飯田橋二―五―四

電　話〇三（三二六五）九七六四

FAX〇三（三二二二）一八四五

ISBN4－7629－5032－7　C3322

Hiroaki Yokoyama ©2002

KYUKO-SHOIN, Co.,Ltd. Tokyo

汲古選書

既刊32巻

1 **一言語学者の随想**　服部四郎著

わが国言語学界の大御所、文化勲章受賞・東京大学名誉教授故服部先生の長年にわたる珠玉の随筆75篇を収録。透徹した知性と鋭い洞察によって、言葉の持つ意味と役割を綴る。

▼494頁／本体4854円

2 **ことばと文学**　田中謙二著

「ここには、わたくしの中国語乃至中国学に関する論考・雑文の類をあつめた。わたくしは〈ことば〉がむしょうに好きである。生き物さながらにうごめき、またピチピチと跳ねっ返り、そして話しかけて来る。それがたまらない。」（序文より）京都大学名誉教授田中先生の随筆集。

▼320頁／本体3107円

3 **魯迅研究の現在**　同編集委員会編

魯迅研究の第一人者、丸山昇先生の東京大学ご定年を記念する論文集を二分冊で刊行。執筆者＝北岡正子・丸尾常喜・尾崎文昭・代田智明・杉本雅子・宇野木洋・藤井省三・長堀祐造・芦田肇・白水紀子・近藤竜哉

▼326頁／本体2913円

4 **魯迅と同時代人**　同編集委員会編

執筆者＝伊藤徳也・佐藤普美子・小島久代・平石淑子・坂井洋史・櫻庭ゆみ子・江上幸子・佐治俊彦・下出鉄男・宮尾正樹

▼260頁／本体2427円

5・6 **江馬細香詩集「湘夢遺稿」**

入谷仙介監修・門玲子訳注　幕末美濃大垣藩医の娘細香の詩集。頼山陽に師事し、生涯独身を貫き、詩作に励んだ。日本の三大女流詩人の一人。

▼⑤本体2427円／⑥本体3398円好評再版

7 **詩の芸術性とはなにか**

袁行霈著・佐竹保子訳　北京大学袁教授の名著「中国古典詩歌芸術研究」の前半部分の訳。体系的な中国詩歌入門書。

▼250頁／本体2427円

8 **明清文学論**　船津富彦著

一連の詩話群に代表される文学批評の流れは、文人各々の思想・主張の直接の言論場として重要な意味を持つ。全体の概論に加えて李卓吾・王夫之・王漁洋・袁枚・蒲松齢等の詩話論・小説論について各論する。

▼320頁／本体3204円

9 **中国近代政治思想史概説**

大谷敏夫著　阿片戦争から五四運動まで、中国近代史について、最近の国際情勢と最新の研究成果をもとに概説した近代史入門。1阿片戦争　2第二次阿片戦争と太平天国運動　3洋務運動等六章よりなる。付年表・索引

▼324頁／本体3107円

10 **中国語文論集**　語学・元雑劇篇　太田辰夫著

中国語学界の第一人者である著者の長年にわたる研究成果を全二巻にまとめた。語学篇＝近代白話文学の訓詁学的研究法等、元雑劇篇＝元刊本「看銭奴」考等。

▼450頁／本体4854円

11
中国語文論集　文学篇
太田辰夫著

本巻には文学に関する論考を収める。「紅楼夢」新探／「鏡花縁」考／「児女英雄伝」の作者と史実等。付固有名詞・語彙索引

▼350頁／本体3398円

12
中国文人論
村上哲見著

唐宋時代の韻文文学を中心に考究を重ねてきた著者が、詩・詞という高度に洗練された文学様式を育て上げ、支えてきた中国知識人の、人間類型としての特色を様々な角度から分析、解明。

▼270頁／本体2912円

13
真実と虚構―六朝文学
小尾郊一著

六朝文学における「真実を追求する精神」とはいかなるものであったか。著者積年の研究のなかから、特にこの解明に迫る論考を集めた。

▼350頁／本体3689円

14
朱子語類外任篇訳注
田中謙二著

朱子の地方赴任経験をまとめた語録。当時の施政の参考資料としても貴重な記録である。「朱子語類」の当時の口語を正確かつ平易な訳文にし、綿密な註解を加えた。

▼220頁／本体2233円

15
児戯生涯　一読書人の七十年
伊藤漱平著

元東京大学教授・前二松学舎大学長、また「紅楼夢」研究家としても有名な著者が、五十年近い教師生活のなかで書き綴った読書人の断面を随所にのぞかせながら、他方学問の厳しさを教える滋味あふれる随筆集。

▼380頁／本体3883円

16
中国古代史の視点　私の中国史学(1)
堀　敏一著　中国古代史研究の第一線で活躍されてきた著者が研究の現状と今後の課題について全二冊に分かりやすくまとめた。本書は、1時代区分論　2唐から宋への移行　3中国古代の土地政策と身分制支配　4中国古代の家族と村落の四部構成。

▼380頁／本体3883円

17
律令制と東アジア世界　私の中国史学(2)
堀　敏一著　本書は、1律令制の展開　2東アジア世界と辺境　3文化史四題の三部よりなる。中国で発達した律令制は日本を含む東アジア周辺国に大きな影響を及ぼした。東アジア世界史を一体のものとして考究する視点を提唱する著者年来の主張が展開されている。

▼360頁／本体3689円

18
陶淵明の精神生活
長谷川滋成著

詩に表れた陶淵明の日々の暮らしを10項目に分けて検討し、淵明の実像に迫る。内容＝貧窮・子供・分身・孤独・読書・風景・九日・日暮・人寿・飲酒　日常的な身の回りに詩題を求め、田園詩人として今日のために生きる姿を歌いあげ、遙かな時を越えて読むものを共感させる。

▼300頁／本体3204円

19
岸田吟香―資料から見たその一生
杉浦　正著

幕末から明治にかけて活躍した日本近代の先駆者―ドクトル・ヘボンの和英辞書編纂に協力、わが国最初の新聞を発行、目薬の製造販売を生業としつつ各種の事業の先鞭をつけ、清国に渡り国際交流に大きな足跡を残すなど、謎に満ちた波乱の生涯を資料に基づいて克明にする。

▼440頁／本体4800円

20 グリーンティーとブラックティー

矢沢利彦著　「中英貿易史上の中国茶」の副題を持つ本書は一八世紀から一九世紀後半にかけて中英貿易で取引された中国茶の物語である。当時の文献を駆使して、産地・樹種・製造法・茶の種類や運搬経路まで知られざる英国茶史の原点をあますところなく分かりやすく説明する。

▼260頁／本体3200円

21 中国茶文化と日本

布目潮渢著

近年西安西郊の法門寺地下宮殿より唐代末期の大量の美術品・茶器が出土した。文献では知られていたが唐代の皇帝が茶を愛玩していたことが証明された。長い伝統をもつ茶文化－茶器について解説し、日本への伝来と影響についても豊富な図版をもって説明する。カラー口絵4葉付

▼300頁／本体3800円

22 中国史書論攷

澤谷昭次著

先年急逝された元山口大学教授澤谷先生の遺稿約三〇篇を刊行。東大東洋文化研究所に勤務していた時「同研究所漢籍分類目録」編纂に従事した関係から漢籍書誌学に独自の境地を拓いた。また司馬遷「史記」の研究や現代中国の分析にも一家言を持つ。

▼520頁／本体5800円

23 中国史から世界史へ　谷川道雄論

奥崎裕司著　戦後日本の中国史論争は不充分なままに終息した。それは何故か。谷川氏への共感をもとに新たな世界史像を目ざす。

▼210頁／本体2500円

24 華僑・華人史研究の現在

飯島　渉編　「現状」「視座」「展望」について15人の専家が執筆する。従来の研究を整理し、今後の研究課題を展望することにより、日本の「華僑学」の構築を企図した。

▼350頁／本体2000円

25 近代中国の人物群像
――パーソナリティー研究――

波多野善大著

激動の中国近現代史を著者独自の歴代人物の実態に迫る研究方法で重要人物の内側から分析する。

▼536頁／本体5800円

26 古代中国と皇帝祭祀

金子修一著

中国歴代皇帝の祭礼を整理・分析することにより、皇帝支配による国家制度の実態に迫る。

▼340頁／定価本体3800円

27 中国歴史小説研究

小松　謙著

元代以降高度な発達を遂げた小説そのものを分析しつつ、それを取り巻く環境の変化をたどり、形成過程を解明し、白話文学の体系を描き出す。

▼300頁／定価本体3300円

28 中国のユートピアと「均の理念」

山田勝芳著　中国学全般にわたってその特質を明らかにするキーワード、「均の理念」「太平」「ユートピア」に関わる諸問題を通時的に叙述。

▼260頁／定価本体3000円

●真偽説に重要な一石を投ずる――

陸賈『新語』の研究

福井重雅（早稲田大学教授）著

秦末漢初の学者陸賈は、漢の高祖と文帝に仕えた役人でもあった。高祖の求めにより秦の滅亡と漢の興隆の原因等について著したのが『新語』二巻十二篇だといわれる。その経緯は『史記』「陸賈列伝」にあり夙に有名である。しかし古来真偽説が絶えず論争が続けられてきた。著者は内外の諸説をくまなく検討し、漢初に陸賈によって撰述された真作説に否定的な見解を表明する。最近続々と発掘される漢代の重要史料の公開とともに、漢代の位置づけが学界の関心事となっている現在、誠に貴重な研究の成果であるということができる。

【目次】

▼四六判上製カバー／260頁／本体3000円　汲古選書29
ISBN4―7629―5029―7　C3398

●中国とその周辺の動向を平易に描いた近現代史――

中国革命と日本・アジア

寺廣映雄（大阪教育大学名誉教授）著

▼四六判上製カバー／240頁／本体3000円　汲古選書30
ISBN4―7629―5030―0　C3322

●人間老子と書物『老子』を総括する

老子の人と思想

楠山春樹（早稲田大学教授）著

◇目次

▼四六判上製カバー／２００頁／本体２５００円　汲古選書31
ISBN4―7629―5031―9 C3310

●数奇な運命が中国の激しく動いた歴史そのものを映し出す

中国砲艦『中山艦』の生涯

横山宏章著（長崎シーボルト大学教授）

◇内容目次

▼四六判上製カバー／２６０頁／本体３０００円　汲古選書32
ISBN4―7629―5032―7　C3322　￥3000E